CW01635952

Κώστας Ολλανδέζος

Κοσμογένεση σύμφωνα με την μνήμη της φύσης

ΑΘΗΝΑ 2004
ΕΚΔΟΣΕΙΣ ΚΥΒΕΛΗ

Τίτλος: Κοσμογένεση σύμφωνα με την μνήμη της φύσης
Συγγραφέας: Κώστας Ολλανδέζος
ISBN: 960 - 88421- 0 - 7

© copyright 2004
Εκδόσεις Κυβέλη,Λάγια Εκδοτική Ε.Π.Ε.,
Χαριλάου Τρικούπη 134
11472, Αθήνα, τηλ. - fax: 210 3612217

Η επεξεργασία του βιβλίου έγινε:
από το Εργαστήρι Γραφικών Τεχνών
της Λάγια Εκδοτικής Ε.Π.Ε.
Τηλ.: 210 3612217 - 210 3601512
Εξώφυλλο: Σοφία Ζούβα

Κανένα μέρος του βιβλίου δεν επιτρέπεται να ανατυπωθεί ή να δημοσιευτεί με οποιοδήποτε σύστημα αναπαραγωγής ή να μεταβιβαστεί με οποιοδήποτε μέσο, ηλεκτρονικό, μηχανικό, φωτογραφικό, ή μαγνητοφώνησης, ή κατά οποιονδήποτε άλλο τρόπο, χωρίς την γραπτή άδεια του εκδότη.

ΠΕΡΙΕΧΟΜΕΝΑ

ΠΡΟΛΟΓΟΣ

Από τα βάθη των αιώνων ο άνθρωπος αναζητούσε επίμονα μια ικανοποιητική απάντηση στο ερώτημα από πού προήλθε ενώ παράλληλα προσπαθούσε να ερμηνεύσει τα φαινόμενα που συναντούσε στο περιβάλλον του.
Τα κλειδιά που θα μπορούσαν να δώσουν μια τέτοια απάντηση τα κρατούσαν συνήθως τα Ιερατεία, τα οποία πριν ακόμη εδραιώσουν τους ηθικούς και εθιμικούς κώδικες, εδραίωσαν την θεωρία της Γένεσης των Κόσμων και του Ανθρώπου. Ο άνθρωπος ερευνώντας όλα όσα βρίσκονται κάτω από τα πόδια του και πάνω απ' το κεφάλι του, αισθάνεται ξένος και άσχετος. Γνωρίζει την μοναξιά του και την φοβάται. Παρατηρεί πόσο μικρός είναι και δειλιάζει. Αισθάνεται την αδυναμία του μπροστά στο μεγαλείο και τη δύναμη των στοιχείων της Φύσης. Χαίρεται την ανεξαρτησία του αλλά από την άλλη πλευρά αναγνωρίζει ότι είναι φυλακισμένος στην Γη. Έχοντας μπροστά του αυτό το θαύμα του Σύμπαντος στρέφεται στον εαυτό του και αναλογίζεται προσπαθώντας να κατανοήσει τα γεγονότα που τον επηρεάζουν σε φυσικό και νοητικό επίπεδο.
Οι ανιχνευτές της εσωτερικής ατομικής σκέψης βλέπουν από πολλές και διαφορές οπτικές γωνίες κάθε φορά και εξάγουν διαφορετικά και ποικίλα συμπεράσματα, ανάλογα όμως πάντοτε με τον βαθμό εμβάθυνσης του παρατηρούμενου αντικειμένου. Οι ερευνητές της ατομικής

σκέψης ατενίζουν το αχανές διάστημα, τα γήινα φαινόμενα και τις ανθρώπινες αντιδράσεις από διαφορετικές πλευρές και εξάγουν τα δικά τους συμπεράσματα. Όμως αυτή καθεαυτή η Γένεση γίνεται αντικείμενο αμφιβολίας και ασάφειας, ακόμα και με όλα τα εξαγόμενα πιθανά συμπεράσματα ή και με το ίδιο ακριβώς συμπέρασμα. "Ο άνθρωπος είναι αποτέλεσμα και όχι αιτία". Σκεπτόμενος με ανάλογο τρόπο αντιλήφθηκε ότι ο πλανήτης τον οποίο κατοικεί είναι επίσης ένα δημιούργημα και όχι μια αιτία ή αρχή. Η αιτία ή Δημιουργός Αρχή, βρίσκεται έξω από τις αισθήσεις και τις δυνατότητές του. Με την αντίληψή του αυτή την αιτία την ονόμασε Θεό και κατ' αναλογία πάντοτε ονόμασε και επί μέρους θεότητες. Η παρατήρηση των διάφορων κοσμικών και φυσικών φαινομένων και του ίδίου του ανθρώπου, έγινε αιτία να γεννηθούν οι μύθοι, ενώ η γνώση εκδηλώθηκε σε διάφορους κλάδους ή επιστήμες. Έτσι ο Ουρανός έπλασε στην ανθρώπινη συνείδηση την Αστρονομία, η φύση την Γεωργία, κ.λπ. Ο ίδιος ο άνθρωπος διαμόρφωσε την κοινωνία, τις διάφορες μορφές σκέψης, την Φιλοσοφία, κλπ. Η Γένεση έδωσε λαβή για την Θεογονία και την Θεολογία.

Ο αφορισμός του Ερμή του Τρισμέγιστου με τον Σμαραγδένιο Πίνακα, έφτασε στην εποχή του να είναι η σύνθεση όλων των επιστημών, η λογική απάντηση και η φώτιση στην ανθρώπινη άγνοια. Ήταν κεφάλαιο Γνώσης που ο ανθρώπινος νους είχε συγκεντρώσει από γενιά σε γενιά. Οι Αρχαίοι Σοφοί για να γνωρίσουν τον άνθρωπο, το Σύμπαν και τους νόμους του, κατέφυγαν στην αναδρομή του παρελθόντος. Ο άνθρωπος γνώρισε τον εαυτό του και δι' αυτού όλο το Σύμπαν. Οι Αρχαίοι δεν μας κληροδότησαν εργαλεία αλλά γνώσεις. Η Χαλδαία ήταν αρχικά μια πηγή γνώσεων. Στην Αίγυπτο οι πυρα-

μίδες παραμένουν αιώνιο κόσμημα που παγιώνει τις κατακτήσεις του Αρχαίου Πνεύματος. Ο αφορισμός του Ερμή του Τρισμέγιστου "Το προς τα κάτω αναλογεί ως προς τα άνω και το προς τα άνω είναι ανάλογο ως προς τα κάτω, όπως το μεγάλο αντιστοιχεί προς το μικρό" συνθέτει το μοχλό που ζήτησε ο Αρχιμήδης για να κινήσει την Γη, διότι το σημείο στήριξης είναι η Μονάδα σ' όλο της το μεγαλείο και σε όλες της τις εκδηλώσεις. Είναι το Βασίλειο του Θεού. Η γνώση που βασίζεται σ' αυτή τη Μονάδα αυξάνεται συνεχώς. Αυτό ήταν η κλείδα και η μέθοδος που ακολουθούσαν οι Αρχαίοι.

Στην εποχή μας η σύγχρονη επιστήμη πιστοποιεί μέρα με την ημέρα τις κατακτήσεις μιας γνώσης που οι Αρχαίοι γνώριζαν ήδη από πολύ παλιά. Η Κοσμογονία του συγγραφέα είναι έργο παρόμοιο μ' αυτό των Αρχαίων Μυστών που κατείχαν την αρχαία επιστήμη. Η μέθοδος της έρευνάς του είναι αυθεντική και επιτρέπει την εμβάθυνση στην σκέψη των προγόνων του. Έτσι κατάφερε να βγάλει από μέσα του με την τόλμη ενός Γαλιλαίου, νέες απόψεις και μία λογική που εφαρμόζεται και βασίζεται πάνω σ'αυτή τη σοφή γενεσιουργό Αρχή που ταξινομεί τα πάντα και η οποία βρίσκεται στη βάση όλων των πραγμάτων, των σωμάτων και των μορφών.

Η ανθρώπινη διάνοια υπόκειται στο λάθος, όμως η κοσμική διάνοια δεν μπορεί να βγει από τα όρια των νόμων της, γιατί όπου και να στραφεί το φως της σκέψης πιστοποιεί ότι ο αριθμός και το μέτρο γεωμετρούν την δημιουργία με μία τέλεια γλώσσα. Η Ζωή μέσα στις άπειρες εκδηλώσεις της μας μιλά για μία εξελικτική κλίμακα. Αυτό είναι ένα άλλο σημείο στήριξης της βάσης που μεταχειρίζεται ο συγγραφέας στην έκθεση των ιδεών του. Έτσι δομημένο το βιβλίο του μας δίνει την εντύπωση και καλύτερες βάσεις για να εκτιμήσουμε την λο-

γική και την υπεροχή της ζωής στην δημιουργία. Κι όμως η εργασία του συγγραφέα στο σύνολό της, μας αποδεικνύει ότι η προσπάθειά του συνίσταται σε μία και μόνο φράση "ΤΑ ΠΑΝΤΑ ΣΤΗΝ ΜΟΝΑΔΑ ΚΑΙ Η ΜΟΝΑΔΑ ΣΤΑ ΠΑΝΤΑ".

Τρ. Κοτζαμάνης

ΕΙΣΑΓΩΓΗ

ΚΟΣΜΟΓΕΝΕΣΗ - ΣΥΜΦΩΝΑ ΜΕ ΤΗΝ ΜΝΗΜΗ ΤΗΣ ΦΥΣΗΣ

Υπάρχει ένας φαινομενικός ανταγωνισμός μεταξύ ανθρώπου και Φύσης. Ο άνθρωπος προσπαθεί πάντα να δημιουργήσει και η Φύση να καταστρέψει. Έτσι ο άνθρωπος δεν μπορεί να διατηρήσει την σταθερότητα των δημιουργημάτων του, παρά τις επίμονες προσπάθειές του εναντίον του μοιραίου πεπρωμένου. Εδώ η Φύση εμφανίζεται ως καταστρεπτική δύναμη, όμως ουσιαστικά είναι δημιουργική και συντηρητική.

Η Φύση που καταστρέφει τα πάντα είναι μια δύναμη που δεν γνωρίζει ούτε χρόνο ούτε τόπο και φαίνεται ότι διαμελίζει την ανθρώπινη ζωή. Μας εμφανίζεται ως ένα αμείλικτο πεπρωμένο που ακολουθεί την πορεία του χωρίς να ενδιαφέρεται για τον θρήνο ή την θλίψη μας. Αυτή προέτρεψε ορισμένους ανθρώπους να θεμελιώσουν μια φιλοσοφία που ονομάζουμε ΠΑΝΘΕΪΣΜΟ. Αυτή η φιλοσοφία δεν κάνει τίποτε άλλο από το να λατρεύει την Φύση.

Οι μυστικιστές πιστεύουν ότι η Φύση είναι μία απόρροια ή ο αντικατοπτρισμός μιας Ανώτατης και Θείας Αρχής. Μέχρι τώρα μιλάμε μόνο για τη Φύση. Παρατηρούμε όμως ότι γύρω μας συναντάμε τρία βασικά Βασίλεια - το Ορυκτό, το Φυτικό και το Ζωικό. Το σύνολο αυτών των όντων είναι γήινες δυνάμεις και συνθέτουν αυτό που οι

Αρχαίοι ονόμαζαν "στοιχειώδη κόσμο".
΄Οτι υπάρχει έχει ζωή. ΄Ετσι και η Γη, που είναι μια σφαίρα, είναι ένα ζωντανό ον (ένας ζωντανός οργανισμός) καθώς επίσης τα άστρα που διασχίζουν το στερέωμα είναι ζωντανά όντα όπως και η ίδια η Γη μας.
Γύρω από κάθε πλανήτη περιστρέφονται δορυφόροι, αλλά και οι πλανήτες με την σειρά τους υπακούουν στην έλξη των ΄Ηλιων τους. Αυτό ονομάστηκε "Ο κόσμος των τροχιών".
Το δικό μας ηλιακό σύστημα έχει επτά πλανήτες ή περιοχές (ζώνες που χωρίζουν τον ΄Ηλιο από το Ζωδιακό). Αυτό δεν σημαίνει ότι υπάρχουν μόνο επτά πλανήτες αλλά ότι το σύστημα του Κόσμου των Τροχών έχει επτά ουράνιες ζώνες ή επτά επιρροές. Αναλυτικότερα αποτελείται από τα εξής (α) από τον ΄Ηλιο (β) από του Πλανήτες και του δορυφόρους τους και (γ) από αντίστοιχες αστρικές δυνάμεις που περιστρέφονται ανάμεσα στα διάφορα άστρα.
΄Ολοι αυτοί οι Πλανήτες έχουν όψεις φωτεινές και σκοτεινές και ονομάστηκαν σκοτεινοί πλανήτες. Αυτό σημαίνει ότι όταν ο ΄Ηλιος φωτίζει την μία πλευρά, η άλλη παραμένει σκοτεινή. Το ίδιο συμβαίνει και στην Γη μας. ΄Εχουμε νύχτα όταν ο ΄Ηλιος φωτίζει την άλλη πλευρά της. Αυτό το σκοτάδι οι Αρχαίοι το ονόμαζαν "έρεβος".

ΚΕΦΑΛΑΙΟ 1ο
Η ΦΥΣΗ ΚΑΙ ΤΟ ΣΥΜΠΑΝ

1.
Αγαπητοί μου αναγνώστες,

2.
Αρχίζω μια σειρά διδασκαλιών. Σας βεβαιώ ότι ξέρω από που αρχίζω, όμως λόγω του μεγέθους και βάθους του θέματος δεν ξέρω μέχρι πού θα φτάσω.

3.
Το χέρι αρχίζει να χαράζει γράμματα και λέξεις, οδηγημένο από τις πνευματικές και νοητικές δυνάμεις που έρχονται από την Παγκόσμια Πηγή.

4.
Θέμα μας και αντικειμενικός σκοπός μας είναι η Κοσμογένεση και ο Υπεράνθρωπος, το ον που κατάφερε να διατηρήσει επαφή με τον εσωτερικό εαυτό του, το ον που επέστρεψε στη δική του θρησκεία όταν είδε την αποτυχία των Θρησκειών.

5.
Όπως το ορατό Σύμπαν είναι ένας αντικατοπτρισμός του αόρατου Σύμπαντος έτσι και ο Υπεράνθρωπος είναι ο ορατός αντικατοπτρισμός μιας αόρατης θεότητας. Ο

νους του είναι ενιαίος με τον Κοσμικό Νου που οδηγεί και κατευθύνει τα πάντα.

6.
Αυτός χειρίζεται την Κοσμική Συνείδηση που κατοικεί μέσα του για το συμπαντικό καλό χωρίς να σκέπτεται για τον εαυτό του κι έτσι γίνεται Υπεράνθρωπος.

7.
Στην κοσμική συνείδηση στο εσώτερο βασίλειο του ανθρώπου βρίσκονται όλοι οι Νόμοι της Αλήθειας. Ο μυημένος πρέπει να μάθει να τους διαβάζει και να τους υπακούει.

8.
Το Φυσικό Σώμα είναι μία πλήρης και τέλεια συμπαντική ιστορία που απεικονίζει την σταδιακή ανάπτυξη και εξέλιξη του όντως.

9.
Το "γνώθι σ' αυτόν" οδηγεί υποχρεωτικά τον άνθρωπο στην Αγάπη κι αυτή με τη σειρά της στο Εσώτερο Βασίλειο.

10.
Το σώμα των ανθρώπων είναι ένα κέντρο μελετών που περιέχει πρωτοβάθμια, δευτεροβάθμια, ανώτερα και ανώτατα ή εξειδικευμένα διδάγματα. Είναι αναγκαίο να παρακολουθεί κανείς τα μαθήματα με την σπουδή και την προσεκτική σκέψη ώστε να αφομοιώσει την γνώση που του παρέχουν οι εσωτερικοί διδάσκαλοι.

11.
Αυτοί που αφοσιώνονται και εργάζονται για το έργο της

εξέλιξης θα δεχθούν εξωτερικά και εσωτερικά μαθήματα έτσι ώστε να συντονιστούν και να έλθουν σε επαφή με τους Κυρίους των στοιχειακών.

12.
Η Αγάπη αυξάνει την ευαισθησία για κατανόηση της Αλήθειας και η Αλήθεια θα σας ελευθερώνει.

13.
Ο άνθρωπος των καλών συναισθημάτων εισπνέει από την Ατμόσφαιρα τα αγγελικά άτομα αν ταυτίζονται με τον τρόπο που αισθάνεται. Αυτές οι ανώτερες δυνάμεις έλκονται κυρίως από τις σκέψεις αγάπης στην καρδιά και όχι με την συγκέντρωση.

14.
Οι διδάσκαλοι της Σοφίας του εσώτερου κόσμου κατακτούν και χειρίζονται τα εσωτερικά κέντρα του ανθρώπου. Κάθε δάσκαλος εκπέμπει μια δέσμη σοφίας που βρίσκεται γραμμένη στην συνείδηση των ατόμων που μας ακολουθούν από την αρχή τη δημιουργίας των Κόσμων.

15.
Ο σημερινός άνθρωπος είναι αποτέλεσμα των σκέψεών του. Για να εισαχθεί στην εσώτερη Σχολή πρέπει να ξαναγίνει παιδί (νεόφυτος) και να παρουσιάσει εντελώς καθαρές τις τελευταίες σελίδες του νου του. Τότε οι δάσκαλοι της Σοφίας θα χαράξουν σ' αυτές την ιστορία των προηγούμενων ζωών, επιτρέποντας έτσι στον μαθητή να διαβάζει τις μελλοντικές ζωές του.

16.
Κανένας άνθρωπος δεν θα καταφέρει να σωθεί αν δεν εργαστεί για την σωτηρία των άλλων (Karavaka) βλέπε σύμβολο Τ.

17.
Για να βοηθήσεις να σωθούν οι άλλοι χρειάζεται πρώτα να σώσεις τα εσώτερα κέντρα σου από τα εγωιστικά άτομα, που έλκονται από σκέψεις που σε κάνουν να νιώθεις και να φέρεσαι εγωιστικά.

18.
Μας έχει δοθεί μια μυστική λέξη που αποτελείται από επτά φωνήεντα, τα οποία αντιστοιχούν στα επτά κέντρα του σώματος. Κάποια μέρα αυτά τα φωνήεντα με τους σωστούς ήχους θα σας αποκαλυφθούν μέσα στον εσωτερικό σας Ναό. Δεν είναι από εγωισμό που αυτές οι λέξεις είναι μυστικές, αλλά γιατί μέχρι σήμερα ο χαμένος μυστικός λόγος παρομοιάζεται σαν ένα διαλυμένο ρολόι που δεν πρέπει να δοθεί σ' ένα παιδί για να το συναρμολογήσει.

19.
Όλη η Σοφία που πηγάζει άνωθεν καταλήγει στο εσώτερο πεδίο και αποκρυσταλλώνεται στα έργα μας, στις κινήσεις μας και τα λόγια μας.

20.
Για ποιον λόγο όταν ακούμε ένα ποίημα ή μια μουσική σύνθεση αισθανόμαστε την επιθυμία να συνθέσουμε κάτι ίδιο; Ακριβώς γι' αυτό οι Καλές Τέχνες μας μεταδίδουν τις δονήσεις των νοητικών ατόμων των δημιουργών των έργων. Κατά τον ίδιο τρόπο η παραμονή ή το πέρα-

σμα ενός υπεράνθρωπου από έναν χώρο, τονίζει με τους δικούς του κραδασμούς στους νόες των κατοίκων του.

21.
Τα άτομα του ανθρώπου είναι το αρχείο του και οι δονήσεις τους είναι η εσωτερική γλώσσα του.

22.
Εάν ο άνθρωπος γνώριζε τον τρόπο να επισκεφθεί και να συμβουλευτεί τους εσωτερικούς διδασκάλους του δεν θα λάθευε σε καμία επιλογή του ούτε στην φυσιολογική ροπή του προς τον τρόπο ζωής του.

23.
Η εισπνοή είναι ο καλύτερος μεταφορέας της Κοσμικής ενέργειας που κατευθύνεται στην εσωτερική θεότητα. Αναπνέοντας ανώτερα άτομα, η πνοή είναι εκείνη που μας μεταβιβάζει την επιθυμία να γίνει το "ως εν ουρανό και επί της Γης". Αυτό σημαίνει ότι μπορούμε να στραφούμε στην μελέτη των εσωτερικών κέντρων μας για να μπορέσουμε να αισθανθούμε την επιθυμία του Πατρός.

24.
Η σωστή αναπνοή δίνει ομορφιά, υγεία, φώτιση και αντίληψη των Συμπαντικών και Φυσικών Νόμων. Επιτρέπει επίσης την γνώση του μέλλοντος για την πραγματοποίηση του έργου.

25.
Ο σκλάβος των παθών του είναι σκλάβος των ομοίων του. Μόνο ο ελεύθερος από το πάθος και τις αδυναμίες, μπορεί να αποκτήσει την Κοσμική Ενέργεια. Αυτή η ενέργεια στον εισπνεόμενο αέρα είναι μία προσευχή στο

μεγάλο ΕΓΩ, ζητώντας του να μας αποκαλύψει την πραγματική κλίση (γνώθι σ' αυτόν) και να μας στείλει τον κατάλληλο διδάσκαλο για το ανάλογο εσωτερικό κέντρο.

26.
Με την αναπνοή σχίζουμε το πέπλο για να διαβάσουμε τις περασμένες μας ζωές και να εξακολουθήσουμε αδιάκοπα το έργο μας.

27.
Πρέπει να ακολουθήσουμε την εσωτερική Φωνή και να εξασκήσουμε πάνω της συνειδητά την έμπνευσή της για να εισπνεύσουμε συνειδητά άτομα από το Εσωτερικό Βασίλειό μας.

ΑΣΚΗΣΗ
α. Σταθείτε καθιστός ή όρθιος με το κεφάλι ακουμπισμένο πάνω στο στήθος.
β. Κάνετε αργές εισπνοές από την μύτη. Με αυτό τον τρόπο εισέρχεται μέσα σας η πνοή της ζωής και τα άτομα. Απώτερος στόχος σας είναι η κατοχή του εσωτερικού κόσμου του αδύτου.
γ. Κρατήστε αβίαστα την μεγάλη αναπνοή της ζωής στους πνεύμονες σας.
δ. Εκπνεύστε αργά και αισθανθείτε την ενέργεια να διαπερνά όλο το σώμα σας μέσω των ατόμων που εργάζονται στο νευρικό σύστημα.

28.
Η επανάληψη της πράξης μορφοποιεί τον χαρακτήρα και ο χαρακτήρας είναι ο Άνθρωπος.

29.
Ας παρομοιάσουμε κάθε όργανο του σώματός μας με μία πολιτεία μέσα σε ένα κράτος με πολλούς και διαφορετικούς νόμους. Κάθε όργανο, παρά το γεγονός ότι έχει την δική του συνείδηση, υπακούει στην υπερσυνείδηση του εσωτερικού κόσμου. Με την σωστή αναπνοή και την αγνή σκέψη μπορούμε να το αναλύσουμε και να το θεραπεύσουμε σε περίπτωση ασθένειας.

30.
Όταν εισπνέουμε την μεγάλη πνοή (Φως του Σύμπαντος) σχίζεται το πέπλο και βλέπουμε το ΕΓΩ μας μπροστά στην ύψιστη παρουσία. Η μεγάλη πνοή μας απαλλάσσει από τους περιορισμούς που μας χωρίζουν από τον εσώτερο κόσμο.

31.
Το κεντρικό νευρικό μας σύστημα ανήκει στον φυσικό κόσμο ή αλλιώς στο υλικό σώμα μας. Ένα δεύτερο σύστημα προσκείμενο σε αυτό, το συμπαθητικό, ανήκει στον ψυχικό κόσμο και μέσω αυτού μπορούμε να επικοινωνήσουμε με τον πραγματικά αόρατο κόσμο. Το παρασυμπαθητικό είναι ανεξέλεγκτο.

32.
Η εισπνοή της μεγάλης πνοής κατευθύνεται προς το νευρικό μας σύστημα, οδηγεί αλάνθαστα στο σύστημα του μεγάλου συμπαθητικού και μας φέρνει σε επαφή με τα εσώτερα κέντρα που είναι πηγές της Σοφίας, της Ισχύος, της Ενέργειας και του Κάλλους.

33.
Εμείς που μελετάμε τον Μεγάλο Νόμο οφείλουμε να τον

αποδείξουμε με αδιάσειστα στοιχεία. Ο σύγχρονος κόσμος χρειάζεται επιστημονικές αποδείξεις και εμείς τις έχουμε έτοιμες να τις επιδείξουμε σε όλους εκτός από τους επιστήμονες αυτούς που θέλουν να μετρήσουν και να ζυγίσουν το Απόλυτο με μέτρα και σταθμά κατασκευασμένα από τους ίδιους.

34.
Πολλοί ρωτούν. Τι να κάνουμε για να βοηθήσουμε την ανθρωπότητα; Η απάντηση είναι η εξής: Να είστε καλοί διότι ο καλός άνθρωπος είναι μία ευλογία για την ανθρωπότητα. Με την παρουσία του φορτίζει το περιβάλλον του με τους δικούς του θετικούς κραδασμούς, οι οποίοι με τα φωτεινά τους άτομα διαπερνούν τους ευαίσθητους και συνεπώς δεκτικούς νόες, εμπνέοντάς τους για την πραγματοποίηση του μεγάλου έργου. Η Καλοσύνη, η Αγάπη και η Σοφία εκδηλώνονται στον αντικειμενικό κόσμο μέσω του νευρικού συστήματος.

35.
Μόνο μέσω του συμπαθητικού συστήματος ερχόμαστε σε επαφή με τον Εσωτερικό Κόσμο και με το κεντρικό νευρικό σύστημα τον εξωτερικεύουμε.

36.
Με την εισπνοή της μεγάλης αναπνοής μπορούμε να ανοίξουμε την πόρτα που ενώνει το νευρικό σύστημα του νωτιαίου μυελού με το συμπαθητικό. Αυτή η πόρτα είναι η πύλη της ΕΔΕΜ την οποία φυλάει ο Άγγελος με τη ρομφαία.

37.
Χτυπήστε την πόρτα και θα σας ανοίξουν. Σας δίδαξαν

πώς να το κάνετε. Με την αναπνοή ο άνθρωπος χτυπάει αυτή την πόρτα. Ο φύλακας Άγγελος θα την ανοίξει για να τον οδηγήσει σε ένα Κέντρο μέσα στην καρδιά του, όπου θα του δοθούν ό,τι ζητήσει.

38.
Αυτή είναι η συμβολική ερμηνεία της αλληγορίας της Γένεσης η οποία μας λέει ότι ο άνθρωπος εκδιώχθηκε από την Εδέμ, δηλαδή από το εσώτερο Βασίλειο και δεν του επιτρέπεται η είσοδος. Ο Άγγελος με την πύρινη ρομφαία εξολοθρεύει κάθε ανεξέλεγκτο άτομο που προσπαθεί να περάσει αυτή την πύλη. Με την αναπνοή και την αγάπη μπορούμε να έλξουμε στο φυσικό μας σώμα τους κραδασμούς του εσώτερου κόσμου, οι οποίοι μας καθιστούν πιο ευαίσθητους για να μπορέσουμε να ξαναγυρίσουμε στην Εδέμ και να κατοικήσουμε σε αυτήν.

39.
Ο πρώτος διδάσκαλος της Σοφίας που πρέπει να αναζητήσουμε για να μάθουμε και να εφαρμόσουμε αυτό που θα μας διδάξει είναι το άτομο Νους. Αυτό είναι ο Μέγας Αρχιτέκτων του Σύμπαντός μας Αυτός ο διδάσκαλος - αρχιτέκτων εδρεύει στην αριστερή κοιλία της καρδιάς. Είναι ο δομητής του φυσικού σώματος. Το υλικό του οικοδομήματος που μας χρησιμοποιεί είναι τα άτομα που αναπνέουμε από την στιγμή της γέννησής μας.

40.
Με την αγνή αναπνοή μας προμηθεύουμε αγνά υλικά στον Μεγάλο Αρχιτέκτονα του Σύμπαντός μας και είμαστε σε επαφή μαζί του.

41.
Ο σκοπός της εισπνοής της Μεγάλη Πνοής είναι να εξα-

γνίσουμε το αίμα μας που είναι το όχημα του ΕΓΩ γιατί ο νους δεν μπορεί να κατοικήσει αλλού, παρά μόνο στο πιο αγνό αίμα της καρδιάς.

42.
Ο Νους δομεί το σύμπαν μας μέσω του αίματος.

43.
Ο Νους είναι ο Αρχιτέκτονάς μας Από τον άνθρωπο που ενδιαφέρεται να υπηρετήσει, απαιτεί μεγάλες εισπνοές γεμάτες ενέργειες με σκοπό να αναζωογονήσει τα άτομα - "δομητές" που βρίσκονται σε αδυναμία λόγω μιας λανθασμένης και δυσαρμονικής ζωής.

44.
Παρ' όλα αυτά η επιστήμη αγνοεί ακόμη και σήμερα πολλές μυστικές λειτουργίες του ανθρώπινου σώματος. Το συκώτι π.χ. είναι το εργαστήριο των ατόμων - δομητών της σωματικής ζωής. Είναι επίσης το κέντρο της φαντασίας, ενώ οι πνεύμονες είναι οι επιλέκτες εκείνων των ατόμων που δομούν το ψυχικό μέρος.

45.
΄Ενας άνθρωπος για να διαθέτει υγιή φαντασία χρειάζεται να αναζωογονήσει στο σώμα του τα κέντρα που επηρεάζουν το συκώτι με την ακόλουθη άσκηση: Πάρτε μία βαθιά εισπνοή από την μύτη. Κρατήστε την αναπνοή σας ενώ ταυτόχρονα ψηλαφίζετε με το δεξί σας χέρι την περιοχή του συκωτιού. Συγκεντρωθείτε σε αυτό και στείλτε του σκέψεις γεμάτες ενέργεια και αγάπη. Στο τέλος μην ξεχάσετε να ευχαριστήσετε αυτά τα άτομα.

46.
Προσέξτε όμως - μόνο ο σωστός και δίκαιος άνθρωπος

δικαιούται να λάβει βοήθεια από αυτά τα άτομα - εργάτες με την αγνή εισπνοή.

47.
Οι σκέψεις που είναι γεμάτες μίσος και κακία αφαιρούν την δύναμη των καλών ατόμων-εργατών και γίνονται αιτία για ασθένειες του ψυχικού σώματος που αργότερα αντανακλώνται στο φυσικό σώμα.

48.
Ο Αρχιτέκτων του Σύμπαντος μας ζητά πάντα αγνό υλικό το οποίο είναι κατάλληλο για την εξέλιξή μας. Κάθε ον χαράζει την δική του μελλοντική μοίρα και έχει δικαίωμα να διαλέξει τον δρόμο του στη ζωή. Τίποτε δεν μπορεί να εμποδίσει αυτή την πορεία.

49.
Ο άνθρωπος που θα καταφέρει να σκίσει το πέπλο και να παρατηρήσει τον εσώτερο κόσμο του, θα μπορέσει να αντιληφθεί και την αγωνία των εσωτερικών αγγέλων του που αγωνίζονται να διατηρήσουν την αρμονία του σώματος με το άπειρο.

50.
Κάποια μέρα, όταν ο άνθρωπος φτάσει στο σημείο να ελέγχει όλα τα αγγελικά κέντρα (Τσάκρας), η Ανθρωπότητα θα είναι μία οικογένεια χωρίς σύνορα και απαγορεύσεις.

51.
Το σώμα περιέχει καλά και κακά άτομα. Είναι ισχυρό αλλά ταυτόχρονα και αδύναμο. Η αγνή εισπνοή, εξουδετερώνει τα κακά και ζωογονεί τα αδύναμα ώστε να

μετατρέπονται σε ισχυρά όντα υγείας διότι χωρίς υγεία δεν θα καταφέρουμε να κάνουμε ούτε ένα βήμα προς το εσωτερικό πεδίο. Οι άγγελοι-οδηγοί μας δεν μπορούν να μας βοηθήσουν σε αυτό το έργο.

52.
Το αίμα είναι το όχημα της ενέργειας, όμως το αγνό αίμα είναι το τέλειο όχημα του εγώ. Η εισπνοή που κρατείται δρα επί ορισμένων νεύρων τα οποία επικοινωνούν με τα διάφορα κέντρα του σώματος (Τσάκρας). Οι αγνές σκέψεις δονούν τα ανώτερα, ενώ οι κακές τα κατώτερα.

53.
Υπάρχει στην καρδιά μια μικρή μυστική βαλβίδα που ανοίγει και κλείνει σύμφωνα με την επιθυμία του εσωτερικού σώματος και δεν επιτρέπει τη διέλευση στο σώμα άτομο που είναι ποτισμένο με κακία και που προέρχεται από κακές και βρώμικες σκέψεις, αλλά μόνο όταν ο άνθρωπος συνειδητά ή ασυνείδητα λέει: "Εσώτερε Πατέρα γενηθήτω και σε μένα το θέλημά σου."

54.
Ο εγκέφαλος τροφοδοτείται από ενέργεια που περνά από τους πνεύμονες και η οποία είναι εμποτισμένη από τις σκέψεις που υπάρχουν ή γίνονται κατά την διάρκεια της εισπνοής.

55.
Στον εσώτερο κόσμο μας έχουμε να αντιμετωπίσουμε διάφορα όντα, καλά ή κακά, όπως ακριβώς συμβαίνει και στον εξωτερικό κόσμο μας.

56.
Στο ηλιακό πλέγμα μας υπάρχει μία υπολανθάνουσα δύναμη που μπορεί να αφυπνιστεί με την εισπνεόμενη ενέργεια. Αυτή η δύναμη όταν την κατευθύνουμε προς τα πάνω μέσω της σπονδυλικής στήλης, ανοίγει τα Κέντρα (ή τις "σφραγίδες" της Αποκάλυψης), που είναι πραγματικά αρχεία του Σύμπαντός μας και απ' όπου θα πρέπει να καταφέρουμε να φτάσουμε στην συνείδηση της Αλήθειας. Επίσης θα μάθουμε να βγαίνουμε από το σώμα μας ώστε να αποκτήσουμε μυστικές και απόκρυφες γνώσεις.

57.
Για να αφυπνίσουμε την δύναμη αυτού του Κέντρου κάνουμε την απλή άσκηση της παραγράφου 27, όμως κατά την εισπνοή της Πνοής πρέπει να αισθανθούμε την ενέργεια να ανέρχεται μέσω της σπονδυλικής στήλης μέχρις ότου το άνω σημείο της συγκεντρωθεί στο Ηλιακό Πλέγμα.

58.
Είπαμε ότι ο άνθρωπος του Καλού, ο Διδάσκαλος, ο Οδηγός, εκπέμπει μαζί με τους κραδασμούς και τις δονήσεις του άτομα τα οποία συλλαμβάνονται από τους ανθρώπους γύρω του. Οι δονήσεις των Διδασκάλων της Σοφίας δρουν πάνω στο νευρικό μας σύστημα. Τέτοιες δονήσεις μας φωτίζουν εσωτερικά και μας εμπνέουν αφυπνίζοντας μέσα μας ορισμένες αναμνήσεις από το παρελθόν οι οποίες μας οδηγούν σε μία αυτοανάλυση και κριτική των πράξεών μας, είτε είναι καλές είτε όχι, εκ των οποίων κυριαρχεί η απόφαση να ξεχωρίσουμε την ήρα από το σιτάρι και να αποτινάξουμε τα απείθαρχα άτομα προς την κατώτερη περιοχή του σώματός μας, που ονομάζεται Κόλαση, για να καούν.

59.
Ο Υπεράνθρωπος ή Διδάσκαλος μεταχειρίζεται τις σκέψεις ως μέσον για να εισάγει και να επηρεάζει την ανθρώπινη νόηση.

60.
Κάθε Υπεράνθρωπος ή ανανεωτής όταν έχει μια πολύ ισχυρή σεξουαλική δύναμη την οποία πρέπει να κατευθύνει προς την δημιουργία των μεγάλων ανανεώσεων με την χρήση της φαντασίας, κέντρο της οποίας είναι το συκώτι.

61.
Η εισπνοή διανέμει σε όλα τα εσωτερικά κέντρα την κοσμική ενέργεια μετατρέποντάς τα σε πιο φωτεινά και έτσι μπορούν και εκπέμπουν ορισμένες ακτίνες που γίνονται ορατές σε ορισμένες περιπτώσεις ακόμα και με το φυσικό μάτι.

62.
Η ενέργεια που εισπνέουμε διανέμεται σε όλες τις περιοχές του σώματος και ο κυβερνήτης κάθε περιοχής μοιράζει ότι δέχεται από αυτή την ενέργεια ανάμεσα στα κουρασμένα άτομα που βρίσκονται στα διάφορα όργανα ενώ καταστρέφει τα ασθενή.

63.
Ο άνθρωπος πρέπει να επαγρυπνεί ώστε να δέχεται τις διαταγές του Αρχιτέκτονα του Σύμπαντος του , της αρχής του Καλού που είναι το άτομο Νους. Όταν ο άνθρωπος αρχίσει να ακούει την φωνή της σιγής, τότε θα μπο-

ρέσει να διορθώσει τα λάθη του ώστε να εισέλθει στην αδελφότητα της Σοφίας.

64.
Στον άνθρωπο συνυπάρχουν δύο αρχές, του Καλού και του Κακού. Η αρχή του Καλού είναι ο Αρχιτέκτονας, ο δομητής, το άτομο - Νους που εδρεύει στην καρδιά. Η αρχή του Κακού, της δυσαρμονίας, είναι ο καταστροφέας, είναι το μυστικό άτομο το οποίο οι θρησκείες ονομάζουν δαιμόνιο και εδρεύει στην περιοχή του ιερού οστού (στην ουρά).

65.
Και οι δύο αυτές δυνάμεις έχουν κάτω από τις διαταγές τους λεγεώνες από άτομα - οντότητες, οι διοικούμενες από τον Νου είναι δομητές αρμονίας και εκτελεστές του Νόμου, ενώ οι αντίπαλοι, οι λεγεώνες του μυστικού εχθρού, είναι δυσαρμονικές, καταστροφικές, ανυπάκουες και επαναστατούν εναντίον του Κυρίου, εμποδίζοντας την πνευματική ανάπτυξη του ανθρώπου.

66.
Ο εσωτερικός εχθρός είναι ο Βασιλιάς του φυσικού μας κόσμου, ενώ ο Νους είναι ο Βασιλιάς του ψυχικού μας κόσμου.

67.
Ο μυστικός εχθρός επηρεάζει την διάνοιά μας και την αλυσοδένει σε αυτόν τον κόσμο, εμποδίζοντάς μας να υψώσουμε την σκέψη μας σε ανώτερες και σεπτές έννοιες κατά την εισπνοή.

68.
Τόσο αυτός ο βασιλιάς του κατώτερου (Κόλαση) όσο και οι λεγεώνες του, δημιουργήθηκαν από τα λάθη μας κατά την διάρκεια της πορείας μας στην ζωή από την αρχή της αλυσίδας των μετενσαρκώσεων και έχουν ορισμένη ισχύ πάνω μας. Οι σκέψεις μας επηρεάζονται πάντα από αυτούς και εύκολα μπορούμε να χαθούμε στην ατραπό της απώλειας όπως έλεγε ο Ναζωραίος. Ενώ η ατραπός του εσωτερικού Ουρανού είναι στενή και μπορούμε να εισχωρήσουμε σε αυτή μόνο αν τηρήσουμε τους Νόμους.

69.
Ο Ουρανός και η Κόλαση βρίσκονται μέσα στον άνθρωπο. Το Βασίλειο του Ουρανού βρίσκεται στις εξυψωμένες σφαίρες του εγώ" μας, ενώ της Κόλασης στις κατώτερες.

70.
Ο Υπεράνθρωπος είναι εκείνος ο οποίος κατάφερε να ελευθερωθεί τόσο από τις έλξεις και τις επιρροές της Κόλασης όσο και του ουρανού. Γι' αυτόν δεν υπάρχει ούτε καλό ούτε κακό, δηλαδή είναι πέρα από το καλό και το κακό γιατί γι' αυτόν υπάρχει μόνο ο ΝΟΜΟΣ.

71.
Να είσαι ο Νόμος σημαίνει να αποβάλλεις από μέσα σου μια δημιουργία δική σου, που ονομάζεται ο τρόμος του κατωφλίου, ένα φάντασμα που δημιουργήθηκε από τις πράξεις σου κατά την διάρκεια των ενσαρκώσεων σου και το οποίο είναι ο φύλακας της πόρτας. Εάν δεν το διαλύσουμε μέσω της εισπνοής και δεν επιτύχουμε να το ξεπεράσουμε, δεν θα μας επιτρέψει να προχωρήσουμε και επομένως να προαχθούμε. Αυτός που μπορεί να κυ-

ριαρχήσει στον τρόμο του κατωφλίου είναι αυτός που δεν φοβάται. Ο τρόμος του κατωφλίου είναι το κατώτερο "Εγώ" που συγκεντρώνει όλα τα κακά έργα και τις σκέψεις από τις προηγούμενες ζωές και βρίσκεται σ' ένα κέντρο κοντά στον ομφαλό το οποίο στην Αποκάλυψη ονομάζεται η ΕΔΡΑ ΤΟΥ ΣΑΤΑΝΑ.

72.
Το αντίθετο, αυτό που μάχεται τον τρόμο του κατωφλίου, είναι ένα άλλο άτομο που ονομάζεται "Άγγελος-προστάτης". Δημιουργείται από το Καλό και τις υψηλές σκέψεις. Είναι το ανώτερο "Εγώ" και κατοικεί στην βάση της παρεγκεφαλίδας. ΄Εχει ως εμπροσθοφυλακή τον Άγγελο με την ρομφαία.

73.
Οι περισσότερες γνώσεις που έχει αποκτήσει η επιστήμη βρίσκονται κάτω από την καθοδήγηση του Ατόμου - Εχθρού, γιατί αυτή ενδιαφέρεται περισσότερο για τον χειρισμό της παχυλής ύλης.

74.
Με την εισπνοή των Ηλιακών και θετικών ατόμων μπορούμε να εξαγνίσουμε τη νοητική ατμόσφαιρα. Το πρωί με την ανατολή του Ηλίου μπορούμε να κάνουμε την εξής άσκηση:

ΑΣΚΗΣΗ:
Α. Στρεφόμαστε προς τον ήλιο όρθιοι με κλειστά τα μάτια.
Β. Εισπνέουμε με το δεξί ρουθούνι κλείνοντας το αριστερό με το δάκτυλο του δεξιού χεριού μας.
Γ. Κρατάμε την ανάσα όσο το δυνατόν περισσότερο .

Δ. Εκπνέουμε αργά από το αριστερό ρουθούνι κλείνοντας το δεξί με το δάκτυλο και κατά την διάρκεια της άσκησης σκεπτόμαστε ότι η ηλιακή ενέργεια γεμίζει όλο το σώμα μας.

75.
Τα αρνητικά όντα, γεμάτα μίσος και φιλοδοξία, προτιμούν να ζουν σε πυκνές ατμόσφαιρες γεμάτες από άτομα που είναι ακάθαρτα νοητικά. Δεν μπορούν να αντέξουν - άλλωστε δεν τους αρέσει ούτε ο Ήλιος, ούτε το Φως της ημέρας και της εξοχής. Γι' αυτό ο Μαθητής εάν θέλει να κάνει αυτή την άσκηση θα πρέπει να προτιμά εξοχικά μέρη, κοντά στην Φύση.

76.
Ο ανώτερος άνθρωπος έχει λεπτότερες εκπομπές και αύρα οι οποίες είναι πιο διακριτικές απ' αυτές των άλλων ενώ δεν συντονίζεται ούτε και με τους πλησίον του, διότι ο χαρακτήρας του είναι διαφορετικός στις σκέψεις και τις αισθήσεις.

77.
Ο σύγχρονος κόσμος χωρίζεται σε δύο μέρη. Στους κυβερνώντες από τον Νου και τους Κυβερνώντες από τον μυστικό εχθρό. Οι ακόλουθοι και των δύο παρατάξεων συναγωνίζονται - οι μεν τους δε. Όμως ο μυστικός εχθρός διαθέτει εμφανώς περισσότερους ακολούθους και ορισμένοι καλλιτέχνες δεν είναι ελεύθεροι από την επιρροή αυτού του εχθρού γι' αυτό βεβηλώνουν το καλό των έργων τους.

78.
Μην κρίνεις για να μην κριθείς. Η σκληρή κριτική και η κρί-

ση των σκοτεινών Νοών ταράζουν την νοητική ατμόσφαιρα.

79.
Τα απαισιόδοξα όντα και οι μεμψίμοιροι αρρωσταίνουν τους γύρω τους καταστρέφοντας ή εξαντλώντας τις ενέργειές τους. Μετατρέπονται σε βαρύ φορτίο στους ώμους της ανθρωπότητας. Ο Μαθητής πρέπει να έλξη μέσω της εισπνοής και της θετικής σκέψης υγιή άτομα - προστάτες για να υπερασπιστεί τον εαυτό του από τα κακοήθη και ασυνείδητα αυτά όντα.

80.
Ο θυμός, η κατάπτωση και ο φθόνος είναι οι τρεις καλύτεροι φορείς της ασθένειας. Ακολουθούν από κοντά η κακή διατροφή και η κακή αναπνοή. Για να είμαστε υγιείς πρέπει να είμαστε ευτυχείς.

81.
Ο Νους δεν υπόσχεται γήινα αγαθά. Παρέχει μονάχα Σοφία, ενώ ο μυστικός εχθρός μπορεί να δώσει υλικά αγαθά σε όποιον προσκολλάται σε αυτόν.

82.
Η αρχή του Καλού σώζει τους ακολούθους της από τον πόλεμο, επειδή δεν ήταν αυτοί που τον προκάλεσαν. Μέχρι τώρα κανένα έθνος δεν κατάφερε να εξασφαλίσει την παγκόσμια ειρήνη επειδή ορισμένοι ηγέτες τους βρίσκονται κάτω από την επιρροή του στρατεύματος του μυστικού εχθρού του εσωτερικού πεδίου.

83.
Υπάρχουν ορισμένα κέντρα στο σώμα του ανθρώπου μέσω των οποίων μπορούμε να παρακολουθήσουμε τον κό-

σμο και την πάλη των δυνάμεων του Φωτός εναντίον του Σκότους. [πάπυρος των Εσσαίων].

84.
Όπου υπάρχουν ατομιστές που μονοπωλούν τα πάντα για τον εαυτό τους εκεί υπάρχει και ο μυστικός εχθρός. Εκεί βρίσκεται η καταστρεπτική δύναμη.

85.
Όσο ο άνθρωπος δεν μαθαίνει να σκέπτεται τον πραγματικό εαυτό του, δεν θα καταφέρει να ελευθερωθεί από τον μυστικό εχθρό και θα σέρνεται στις επιλογές των ηγετών που έχουν επιβληθεί από το Σκότος. Σήμερα ο λαός ψηφίζει τον υποψήφιο που θεωρεί ικανό να ικανοποιήσει τις επιθυμίες του, χωρίς να σκεφτεί το μέλλον του Έθνους. Ο μυστικός εχθρός σκοτίζει τον Νου του για να τον μετατρέψει σε ένα αυτόματο που καθοδηγείται από του ιδιοτελείς σκοπούς του κάθε ηγέτη.

86
Το σώμα των επιθυμιών έλκει τα άτομα σύμφωνα με τις επιθυμίες που καταλαμβάνουν τον Νου και τον χαρακτήρα. Το εσωτερικό πεδίο του κόσμου των επιθυμιών (ή αστρικό) σφύζει από κατώτερα αστρικά πτώματα, χωρίς καμία ευφυΐα. Είναι όπως οι βάμπιροι που ζουν από την σάπια ύλη. Τα άτομα που αποτελούν αυτά τα σώματα είναι καταστρεπτικά. Είναι συντηρητές της αγριότητας που κληρονομήσαμε από την εποχή της Λεμούρια, όταν τότε διασκεδάζαμε βάζοντας τα ζώα να παλέψουν και μετά τρώγαμε τα πτώματά τους.

87.
Η αγνότητα στο σεξ μαζί με την ενέργεια που είναι συσ-

σωρευμένη σ' αυτό εξευγενίζει τον χαρακτήρα, καλυτερεύει την υγεία και φωτίζει τον Νου βοηθώντας τον άνθρωπο να προχωρήσει σταθερά στην ατραπό της ανάπτυξης. Ο άνθρωπος που είναι αγνός στο σεξ έχει ισορροπημένη νοοτροπία και δύσκολα υποκύπτει σε ταπεινές δοκιμασίες.

88.
Πολλοί φτάνουν στη δύναμη και δόξα υπό την καθοδήγηση του ατόμου - εχθρού, μέσω της μαγείας αλλά αυτό είναι μία από τις πιο ενδιαφέρουσες δοκιμασίες μέσα στην διδασκαλία, μελλοντικά.

89.
Το ανώτερο "Εγώ" που βρίσκεται παρουσία του ΕΓΩ επεμβαίνει και πετυχαίνει την συγχώρεση των αμαρτιών εκείνων των πιστών ακολούθων του Φωτός που μπαίνουν στο συμπαθητικό σύστημα "Αυτό είναι η δεύτερη Γέννηση".

90.
Η καλύτερη προσευχή που κληρονομήσαμε πριν από πολλούς αιώνες είναι το "Πάτερ Ημών". Αν γίνεται με συγκέντρωση και ευλάβεια γίνεται η γέφυρα μεταξύ του όντος και το ΕΓΩ. Έχει επίσης επτά κλείδες που μπορούν ν' ανοίξουν τα επτά Κέντρα στο σώμα μας, τα οποία οδηγούν τον Μαθητή στην εξερεύνηση του εσωτερικού του σώματος.

91.
Ο Μαθητής κατά τη διάρκεια της ημερήσιας άσκησής του πρέπει να περάσει απ' όλα τα κέντρα από πάνω προς τα κάτω βάζοντας στο καθένα απ' αυτά ένα ζητού-

μενο από το "Πάτερ Ημών". Η αίτηση πρέπει να γίνεται προς πατέρα, όχι σαν από δούλο προς τον κύριό του. Το βασίλειο του εσώτερου Ουρανού κατακτάται και δεν χαρίζεται.

92.
Η πρώτη ανάπτυξη του Μαθητή εκδηλώνεται στο Ηλιακό Πλέγμα. Η έμπνευση είναι ο αγγελιαφόρος του ΕΓΩ και εκδηλώνεται σ' αυτό το κέντρο.

93.
Πρέπει να αντιληφθούμε ότι το ανώτερο ΕΓΩ μέσω του οποίου προωθούμε τις αιτήσεις μας προς το ενδότερο, μέχρις ότου αισθανθούμε πλήρη ταύτιση με αυτό έχει την έδρα του σ' ένα άτομο στην βάση της παρεγκεφαλίδας. Το Βασίλειό του βρίσκεται στο συκώτι το οποίο είναι το κέντρο της φαντασίας και της έμπνευσης. Το ανώτερο ΕΓΩ είναι πάντοτε παρόν δίπλα στο εγώ.

94.
Ο ίδιος ο Ιησούς διακήρυξε αυτή την αλήθεια στην "επί του Όρους ομιλία" του. Αφού δίδαξε την προσευχή είπε, γιατί εάν συγχωρείτε στον πλησίον σας τις αμαρτίες του, ο Ουράνιος Πατέρας θα συγχωρεί τις δικές σας. Ο Ιησούς δεν είπε "ο ΘΕΟΣ", διότι γνώριζε ότι ο Θεός είναι ΠΑΝΤΑ αγάπη και συγχώρεση.

95.
Το ενδότερο του ΕΓΩ, το Απόλυτο έχει σαν αρχή τρία σημεία εκ των οποίων το καθένα είναι μια ιδιαίτερη έδρα των τριών όψεων της Τριάδας. Η πρώτη όψη είναι ο ΠΑΤΕΡΑΣ και κυριαρχεί αποκλειστικά στο κεφάλι. Η δεύτερη όψη είναι ο Υιός και κυριαρχεί στην καρδιά ε-

νώ η τρίτη όψη είναι το Άγιο Πνεύμα και κυριαρχεί στο κόκιδα [νο 1]. Η πραγματικότητα είναι μία και μοναδική. Δεν υπάρχει παρά μόνο ένα ενδότερο όμως αν παρατηρηθεί καλά στον Φυσικό Κόσμο αντανακλά σε τρεις όψεις.

96.
Ο Μαθητής πρέπει να επικαλείται τον Μιχαήλ ή το ανώτερο εγώ στις ασκήσεις των αναπνοών για να προβάλλεται αυτό εμπρός στην θεία Παρουσία.

97.
Πολλοί μιλούν για ένωση με το εσώτερο σαν να είναι χωρισμένοι απ' αυτό. Όμως, ένωση με το εσώτερο σημαίνει ταύτιση με τον Πατέρα με σκοπό την επίτευξη της συνειδητής πραγματοποιήσεις του θείου παλμού του ΕΓΩ.

98.
Όταν η καρδιά μεταβάλλεται σ' ένα όργανο απεριόριστα γλυκό προ το ΕΓΩ Ι, γίνεται έτσι ένα εθελοντικό όχημά του. Τότε η κυκλοφορία του αίματος βρίσκεται υπό την κυριαρχία αυτής της θεότητας και εμποδίζει την είσοδο των εγωιστικών ατόμων που ρέουν από τον εγκέφαλο και από την βάση της σπονδυλικής στήλης κάνοντας συνεπώς τέτοια άτομα ν' απομακρύνονται όλο και περισσότερο από τον άνθρωπο. Μετά από λίγο καιρό το ΕΓΩ θα αυξήσει στο αίμα τα αλτρουιστικά άτομα που εισπνέονται, ζωογονώντας αυτό το αίμα - όχημα και κατ' αυτό τον τρόπο κυριαρχώντας τέλεια στην καρδιά. Με την θεία αγάπη απελευθερώνεται ο Νους από τις επιθυμίες του και ο άνθρωπος μετατρέπεται σ' ένα ΝΟΜΟ. Αργότερα θα γίνει ΕΝΑ με τον ΠΑΤΕΡΑ.

99.
Ο Πατέρας μέσω των δεσμών στέλνει την ισχύ του για να ζωογονήσει την σκέψη στην καρδιά ενώ το άτομο - εσωτερικός εχθρός εξαπολύει στον μαθητή την αμφιβολία από την βάση της σπονδυλικής στήλης. Εδώ γίνεται η μάχη, στο Ηλιακό Πλέγμα, στην περιοχή του ομφαλού όπου πηγάζει η δύναμη της ζωής των ανθρώπων. Και μέσα σ' αυτό το κέντρο μαίνεται η μάχη ανάμεσα στην αμφιβολία και την σιγουριά, ανάμεσα στον φόβο και την αξία, ανάμεσα στο αρνητικό και το θετικό, ανάμεσα στους υιούς του Σκότους και τους Υιούς του Φωτός. [εσσαικός πάπυρος] Αν θριαμβεύσει το Καλό πάνω στο Κακό λέγεται ότι ο Μιχαήλ κατατρόπωσε τον Σατανά, βυθίζοντάς τον στα βαθιά Τάρταρα της Κόλασης του σώματος μας. Όμως αν θριαμβεύσει το Κακό, τότε μας σέρνει μέχρι αυτή την Κόλαση.

100.
Η σεξουαλική κατάχρηση και ακολασία εξασθενεί το Ηλιακό Κέντρο το οποίο μπορεί να ενδυναμώσει μόνο με τις αναπνευστικές ασκήσεις της παραγράφου 27. Όμως κατά την εκπνοή θα πρέπει να στείλουμε όλη μας την συγκέντρωση γεμάτη ηλιακή ενέργεια σ' αυτό το κέντρο.

ΚΕΦΑΛΑΙΟ 2ο
ΤΟ ΣΩΜΑ ΤΩΝ ΕΠΙΘΥΜΙΩΝ
ΑΣΤΡΙΚΟ ΣΩΜΑ - ΨΥΧΗ

101.
Ο άνθρωπος εκτός από το φυσικό του σώμα έχει και μερικά άλλα. Θα ασχοληθούμε περιληπτικά με το δεύτερο σώμα, το "αστρικό" ή σώμα των επιθυμιών ή ψυχικό.

102
Το Αστρικό Σώμα ενώνεται με το φυσικό μέσω των διαφόρων ρευμάτων που βρίσκονται στο Ηλιακό Πλέγμα. Το σώμα των επιθυμιών προκαλεί τις ενώσεις ρευμάτων ως το ιερό οστούν, όπου γίνεται η επεξεργασία του σπερματικού ρευστού, ανιχνεύοντας, επιθυμώντας και ανυπομονώντας να ενωθεί με τις αστρικές οντότητες που επιθυμούν να εκδηλωθούν στο διάμεσο.

103
Μέσω του σπερματικού ρευστού ο μαθητής μπορεί να προβάλλει το σώμα των επιθυμιών του και να το υλοποιήσει σε κοντινή απόσταση.

104
Το αστρικό σώμα ή ψυχή λαμπυρίζει όπως τα άστρα. Τα εισπνεόμενα άτομα ζωογονούν το σπέρμα, τα άτομα του οποίου περνούν στο Αστρικό Σώμα που γίνεται περισ-

σότερο λαμπερό, ανάλογα με την αγνότητα των σκέψεων που συνόδευαν την εισπνοή.

105.
Το Αστρικό Σώμα ή ψυχή είναι επίσης ένα αρχείο του παρελθόντος στο οποίο είναι γραμμένα όλα τα λάθη και όλα τα ταπεινά πάθη μας, αυτά τα ίδια που έγιναν αιτία των νοητικών διαταραχών μας.

106.
Το πιο αναπτυγμένο μέρος του αστρικού κόσμου ή του κόσμου της ψυχής έχει μεγάλη επιρροή στον Νου μας.

107.
Πολλοί μιλούν για Αστρικά ταξίδια χωρίς να γνωρίζουν τι είναι ακριβώς. Αν γνώριζαν τότε θα ήξεραν ότι το Αστρικό Σώμα δεν μπορεί να απομακρυνθεί πολύ από το φυσικό. Τα χαμηλά πνεύματα του αστρικού κόσμου καταλαμβάνουν το σώμα των επιθυμιών του διαμέσου και φοβίζουν τους ανθρώπους μεταχειριζόμενα χαμηλές σκέψεις-μορφές που γίνονται χαμηλότερες όσο απομακρύνονται από τον δικό μας κόσμο.

108
Αυτά απορροφούν και ελαττώνουν βαθμιαία την ζωτικότητά μας. Οι προηγμένες ψυχές δεν καθηλώνονται σ' αυτό τον κόσμο των επιθυμιών όπου δεν βλέπουμε τίποτ' άλλο εκτός από κατώτερα όντα. Τέτοιες ψυχές που δεν θέλουν να εργαστούν ούτε να βοηθήσουν τους άλλους μετατρέπονται σε κήρυκες της ηθικής αναζητώντας τρόπους χλευασμού όλων αυτών που βρίσκονται στην ζωή, χρησιμοποιώντας αυθαίρετα ανώτατους τίτλους και αξιώματα ή επικαλούμενα πλαστούς τόπους καταγωγής.

Ομιλούν π.χ. στο όνομα του Ιησού ή της Παναγίας, του Μωυσή ή του Ιπποκράτη.

109.
Αν γνώριζαν οι άνθρωποι το κακό που μπορούν να τους προξενήσουν τέτοιες οντότητες, εκτός απ' αυτό που προκαλούν στον εαυτό τους με τέτοιες επικλήσεις προς τους νεκρούς, θα ένιωθαν φρίκη που πραγματοποιούν τέτοιες συγκεντρώσεις. Όμως ακόμη κι αν γνώριζαν το μεγάλο καθήκον των ζωντανών, που είναι να απελευθερώσουν αυτές τις ψυχές από την κόλαση που ζουν και να προσπαθήσουν να τις αποσπάσουν και να τις επαναφέρουν από την άγνοια και την αυταπάτη που κυριαρχούν στο κόσμο των επιθυμιών αντί να υποθάλπουν το λάθος τους παρέχοντας τους νευρική ενέργεια η οποία τις αλυσοδένει όλο και περισσότερο σε αυτό τον κόσμο, και πάλι θα ήταν δύσκολο να πετύχουν τον σκοπό τους.

110.
Όταν ο μαθητής αποκτήσει την πρακτική γνώση και κατορθώσει να εισχωρήσει στο Συμπαθητικό του σύστημα, τότε μπορεί να παρατηρεί και να θαυμάζει συνειδητά τον Αστρικό Κόσμο και τους κατοίκους του, πολλοί από τους οποίους, άπληστοι καθώς είναι, βυθίζονται στο σεξουαλικό ρευστό των ζωντανών οντοτήτων, ώστε να αισθανθούν την ηδονή των αισθήσεων και των σωματικών επιθυμιών.

111.
Το διάμεσο ανοίγει τις πόρτες του στους κατοίκους του Αστρικού πεδίου ώστε αυτοί να μπορούν να βυθιστούν στο σεξουαλικό ρευστό του. Όμως ποτέ δεν μπορούν να εξυψωθούν στο νοητικό του πεδίο ή γενικώς σε ανώτερα

πεδία. Οι κάτοικοι του Αστρικού πεδίου δεν καταφέρνουν να εισχωρήσουν παρά μόνο μέχρι το νευρικό σύστημα. Αυτοί παραπλανούν ορισμένους ανθρώπους, ισχυριζόμενοι ότι γνωρίζουν μεγάλα μυστικά τα οποία όμως δεν μπορούν να αποκαλύψουν. Παρουσιάζονται ως εξελιγμένα όντα του πεδίου τους, όμως μέχρι τώρα δεν μπόρεσαν να ευεργετήσουν την ανθρωπότητα με καμία αποκάλυψη ούτε κανένα επιστημονικό γεγονός. Τα περισσότερα απ' αυτά είναι ψευδοκήρυκες.

112.
Πρέπει να αναλύσουμε τώρα αυτό το είδος των φαινομένων γιατί σε μελλοντικές εργασίες πρέπει να σχίσουμε το πέπλο και να εισχωρήσουμε πιο βαθιά σε αυτούς τους άγνωστους για την ανθρωπότητα Κόσμους και να τους μελετήσουμε συνειδητά. Πρέπει να καταλάβουμε ότι η κατάσταση στην οποία βρίσκεται το διάμεσο δεν είναι ένα στάδιο ύπνωσης. Ο υπνωτισμός είναι μια επιστήμη που έχει τους δικούς της νόμους.

113.
Το Αστρικό Σώμα ή ψυχή είναι ένας μαγνήτης και έλκει όλα τα εμπαθή άτομα των επιθυμιών που εισπνέονται από τον αέρα και υφίστανται επεξεργασία από το συκώτι. Τέτοια άτομα συγκεντρώνονται γύρω από ένα όργανο αδυνατισμένο από την δική μας κατάχρηση και κατευθύνονται από το μυστικό δαιμόνιο με σκοπό να το καταστρέψουν. Συνοπτικά θα λέγαμε ότι τα περισσότερα άτομα του Αστρικού Πεδίου είναι κατώτερα άτομα, δηλαδή κυριαρχούνται από ζωώδη ένστικτα.

114.
Οι οντότητες του Αστρικού Κόσμου απορροφούν σαν βαμπίρ την ζωτικότητα των όντων που έρχονται σε επα-

φή με αυτές, αχρηστεύοντας και εμποδίζοντας τη ζωηρότητά και την αγάπη τους για εργασία. Οι περισσότεροι απ' αυτούς που κατέχονται από αστρικές οντότητες γίνονται ράθυμοι και απαθείς, φτάνουν δε ως το σημείο να χάσουν και αυτό το συναίσθημα της αγάπης. Το μοναδικό φάρμακο γι' αυτό το κακό είναι οι αναπνευστικές ασκήσεις από το δεξί ρουθούνι για να απορροφηθούν ηλιακά άτομα ικανά να εκτοπίσουν αυτή την απάθεια και να ανανεώσουν το αίσθημα για ενδιαφέρον και αγάπη προς τους άλλους. Ένας πνευματικός οδηγός συμβουλεύει να βάζουμε ανθό θείου (θειάφι) μέσα στα παπούτσια μας για λίγο χρονικό διάστημα ώστε να θεραπεύονται τέτοιες καταστάσεις. Όμως με τον ίδιο τρόπο μπορούν να θεραπευτούν πολλές ενοχλήσεις από πνευματικές επιρροές γιατί τέτοιες οντότητες δεν μπορούν να ζήσουν σε μια αστρική ατμόσφαιρα που έχει διαποτιστεί από τους αόρατους ατμούς του θείου (θειάφι).

115.
Ορισμένες αστρικές οντότητες αναζητούν πάντοτε αυτούς που πέθαναν σε τροχαίο δυστύχημα ή σε πολέμους διότι εμποτίζονται στον αστρικό ατμό του αίματος και του νοητικού, καταφέρνοντας έτσι να δημιουργήσουν πολύ ρεαλιστικές εμφανίσεις στις πνευματικές συναθροίσεις.

116.
Η τοποθέτηση μικρής ποσότητας όξους (ξίδι) με λίγο βαμβάκι στο ιερό οστούν και στην ΕΔΡΑ πίσω, αυξάνει την δύναμη αντίστασης του διαμέσου για να διώξει αυτές τις οντότητες - [βαμπίρ].

117.
Επίσης ο μαθητής μέσω της άσκησης της συγκεντρωμέ-

νης αναπνοής μπορεί να απελευθερωθεί απ' αυτές τις οντότητες και να τις βοηθήσει τέλος απ' αυτή την σκλαβιά τους. Η άσκηση πρέπει να γίνεται μια μέρα που να έχει πολύ ήλιο κι όχι όταν η ατμόσφαιρα είναι βαριά και γεμάτη υγρασία.

118.
Ο μαθητής μπορεί να επικοινωνεί με αγαπημένα όντα που πέρασαν στον Κόσμο των Επιθυμιών, όμως γι' αυτό πρέπει πάντα να μεταχειρίζεται το συμπαθητικό σύστημα, οι κραδασμοί του οποίου πηγάζουν από τον νοητό κόσμο. Σε εξαιρετικές περιπτώσεις μια μεγάλη ψυχή μπορεί να προβάλει το ψυχικό της σώμα για να εκτελέσει μια ειδική αποστολή στην Γη, όμως αυτό είναι πολύ σπάνιο.

119.
Η καύση του φυσικού σώματος παρέχει νοητική ειρήνη και ελαττώνει τον τρόμο της αποσύνθεσης. Αυτά που βλέπουν οι ευαίσθητοι δέκτες στα νεκροταφεία είναι αστρικά σώματα που γαντζώνονται στο φυσικό σώμα.

120.
Όλοι πρέπει να μάθουμε να πεθαίνουμε στην ζωή μας πολλές φορές συνειδητά για ν' ανακαλύψουμε το μυστήριο του θανάτου και να νικήσουμε το φόβο του αγνώστου. Για τα πιο εξελιγμένα όντα είναι πολύ απλό να γίνει αυτή η πειραματική διαδικασία.

121.
Η καύση είναι η καλύτερη ανακούφιση για τους νεκρούς. Δεν πρέπει να φοβόμαστε το. θάνατο αλλά ούτε και να τον προκαλούμε. Πρέπει να τον περιμένουμε

καρτερικά χωρίς κανένα. φόβο. Το λιβάνι που καίνε στις κηδείες παρέχει στην απερχόμενη ψυχή νοητική ενέργεια και όταν το εισπνεύσουμε ερχόμαστε στην πνευματική επαφή με όντα τα οποία βρίσκονται σε υποκειμενική κατάσταση της ύπαρξης.

122.
Όταν ο άνθρωπος αρχίσει να εισπνέει και να σκέπτεται συνειδητά, δημιουργεί μία γέφυρα για να φτάσει στο συμπαθητικό σύστημα ή στον εσώτερο κόσμο. Έτσι μπορεί να διαβάσει τα Αρχεία της Φύσης και να εισχωρήσει σε χρόνους του παρελθόντος και να δει τις προηγούμενες υπάρξεις του, ν' ανακαλύψει τον μεγάλο Νόμο του αίτιου και του αιτιατού όλων των γεγονότων βοηθώντας έτσι τις εσωτερικές δυνάμεις του τις οποίες πρέπει να εξελίξει για το καλό των άλλων.

123.
Ο Μαθητής πρέπει να ζει αυτές τις δυνάμεις κατά τρόπο φυσικό και απλό μέχρις ότου αυτές γίνουν δεύτερη φύση του. Τότε χάνει το επιδεικτικό πνεύμα και αρχίζει να χειρίζεται αυτές τις δυνάμεις σε ανθρώπους που έχουν ανάγκη και το αξίζουν. Έτσι ο μαθητής κάνει ό,τι κάνει ο διδάσκαλός του. Δεν προσπαθεί να εξηγήσει νόμους σε παιδιά που δεν θα τους καταλάβουν, αλλά σε ανθρώπους που είναι έτοιμοι να κατανοήσουν τέτοιες διδασκαλίες.

124.
Επίσης με την τελετουργική λευκή μαγεία μπορούμε να επικαλεστούμε πιο υψηλές δυνάμεις και οντότητες.

125.
Ο άνθρωπος περιβάλλεται από κοσμικά πέπλα που πάλ-

λονται από τους πιο χαμηλότερους και αργότερους κραδασμούς έως τους υψηλότερους και λεπτότερους. Με την άσκηση της εισπνοής, της συγκράτησης του εισπνεόμενου αέρα και την συγκέντρωση μπορεί ν' αναπτύξει τον νου του και ν' αυξήσει το μήκος κύματός του, μέχρις όπου μπορέσει να ζήσει συντονισμένος με τον λεπτότερο και υψηλότερα από τον αστρικό κόσμο, όπου οι κραδασμοί του δεν μοιάζουν πάρα πολύ σε πυκνότητα στην φυσική ύλη.

126.
Με την εντατική εισπνοή, την ένωση με το ΕΓΩ και υπακούοντας στις διαταγές του, την εισπνοή της πνοής της ζωής, την συγκράτησή της και με μία ισχυρή συνειδητή συγκέντρωση ο άνθρωπος φτάνει στο συμπαθητικό σύστημα όπου μαθαίνει όλα τα μυστήρια της Φύσης ανακαλύπτοντας τα σύμβολά της και κατ' αυτό τον τρόπο έρχεται σ' επαφή με τη επιθυμητή κοσμική σφαίρα. Τα σύμβολα αντιπροσωπεύουν τις ενέργειες ή ρεύματα δυνάμεων που είχαν ανακαλύψει οι Σοφοί και οι λευκοί Μάγοι από πολύ παλιά. Όταν μπορέσουμε να αποκωδικοποιήσουμε ένα σύμβολο είναι σαν να ανακαλύπτουμε έναν πολιτισμό ή μια επιστήμη του παρελθόντος που σήμερα δεν υπάρχει και μπορούμε να επικοινωνήσουμε με ατομικούς νόες εκείνης της εποχής.

127.
Οι καλλιτέχνες κα οι μυημένοι μπορούν να αποκωδικοποιήσουν πολλές φορές αυτά τα σύμβολα μετατρέποντάς τα σε δημιουργίες σε όποια εποχή και αν ζουν. Τα σύμβολα είναι γραμμένα σε μία συμπαντική γλώσσα την οποία όμως έχει ξεχάσει η ανθρώπινη διάνοια. Αυτά όμως εξακολουθούν να βρίσκονται στον νοητικό κόσμο

και να αποτελούν την μοναδική γλώσσα έμπνευσης, που την αντιλαμβάνεται ο κοσμικός νους των όντων.

128.
Η πλουσιότερη κοσμική γλώσσα είναι αυτή που κατέχουν πολλές μυστηριακές αδελφότητες και οι περισσότερες απ' αυτές προέρχονται από τα Αρχαία μυστήρια. Τα σύμβολα περιέχουν όλα τα κλειδιά του ανώτερου εσωτερικού κόσμου αλλά μέχρι τώρα κανείς δεν μπόρεσε να διαβάσει αυτή την γλώσσα. Μπορεί κάποιοι να έφτασαν στο σημείο να την διαβάσουν ως έναν βαθμό, δεν κατάφεραν όμως να την κατανοήσουν σε βάθος. Η κατανόηση του συμβόλου γίνεται με την συγκέντρωση σ' αυτό τον σχηματισμό ή έκφραση ενός μηνύματος και την παράδοσή του στον φύλακα-άγγελο. Εάν γίνει δεκτό το μήνυμα η απάντηση έρχεται με συμβολικό τρόπο. Ο Σταυρός, π.χ. είναι ένα σύμβολο τελειότητας και όχι θανάτου. Η Σταύρωση συμβολίζει την απόλυτη κυριαρχία και τον ολοκληρωτικό θρίαμβο του ανθρώπου επί του κτήνους.

129.
Τα Τεκτονικά σύμβολα υπήρξαν σε όλες τις εποχές, σε όλα τα αρχαία μυστήρια, στις θρησκείες και στους ναούς. Αυτά τα σύμβολα είναι εικόνες των σκέψεών μας και λειτουργούν ως γέφυρες απ' έξω προς τα μέσα. Πολλά από τα σύμβολα αντιπροσωπεύουν επίσης και επικαλούνται το κακό και τις δυστυχίες. Γι' αυτό πρέπει ν' αποφεύγονται τα μαγικά σύμβολα που είναι κακά και πονηρά ώστε να μην παρασυρόμαστε σε κατώτερες περιοχές.

130.
Για την ώρα μπορούμε να σας αποκαλύψουμε ότι τα

γράμματα του αλφαβήτου όλων των γλωσσών και διαλέκτων είναι σύμβολα μιας ανώτερης και ιερής γλώσσας. Το ίδιο και οι αριθμοί. Μέσω της συγκέντρωσης και της σωστής αναπνοής καθώς και μιας υγιούς επιθυμίας, μπορούμε να μάθουμε και να καταλάβουμε την σημασία κάθε γράμματος στο συμπαθητικό σύστημα. Στον κατάλληλο χρόνο ο Μαθητής με την βοήθεια του Εσωτερικού Διδασκάλου θα μπορέσει να αποκωδικοποιήσει τα γράμματα. Χιλιάδες βιβλία έχουν γραφτεί για την Καβαλά, όμως σήμερα κανείς δεν είπε ούτε μπόρεσε ποτέ να καταλάβει τίποτα για τον συμβολισμό των γραμμάτων. Αυτό που ειπώθηκε μέχρι σήμερα είναι ότι τα γράμματα είναι μακρινά σύμβολα προϊστορικών λαών.

131.
Υπάρχει ένα σύμβολο ευλογίας που χαράζεται με το δεξί χέρι και δημιουργεί μια ατμόσφαιρα ειρήνης, ευτυχίας και χαράς στα γύρω άτομα. Οι παλαιοί Εσσαίοι το γνώριζαν καλά γιατί ήταν το σύμβολό τους. Ωστόσο εάν αυτό το σύμβολο χαραχτεί με το αριστερό χέρι τότε θα δημιουργήσει ένα ιδιαίτερα αρνητικό περιβάλλον γεμάτο μίσος. Οι Μάγοι εκμεταλλευτές, δηλαδή οι Μαύροι Μάγοι χρησιμοποιούν αυτό το σύμβολο για να προκαλέσουν διαμάχες, χωρισμούς και πολέμους. Στο μέλλον θα αποκαλυφθεί το σύμβολο της δημιουργικής ενέργειας που αναζωογονεί και παρατείνει την ζωή. Όμως θα δοθεί μόνο σ' εκείνους που γνωρίζουν να χειρίζονται το νευρικό σύστημα.

ΚΕΦΑΛΑΙΟ 3ο
Η ΑΤΡΑΠΟΣ

133.
Οι μυστικές πρακτικές δεν είναι καθόλου απλές. Υπολογίζεται ότι σε κάθε εκατομμύριο ανθρώπων μόνο δύο καταφέρνουν να πετύχουν κάποιο αποτέλεσμα, είτε για καλό είτε για κακό. Ωστόσο εάν ασχοληθείτε υπομονετικά μ' αυτές, το λιγότερο μια ώρα την ημέρα, ίσως να μπορέσετε έπειτα από μερικά χρόνια να γίνετε μία μεγαλοφυΐα.

134.
Πρώτα απ' όλα ο Μαθητής πρέπει να είναι απόλυτα υγιής. Το φυσικό σώμα είναι συσσωρευτής ενεργειών. Η ασθένεια είναι σαν ένα ρήγμα ή μια βαλβίδα εξαγωγής. Κανένα άρρωστο άτομο δεν πρέπει να μαθαίνει ή να εφαρμόζει την Μαγεία γενικά.

135.
Θα σας δώσουμε μερικούς κανονισμούς για να καταφέρετε να διατηρήσετε ένα υγιές και αρμονικό σώμα. Μελλοντικά θ' ασχοληθούμε με την ψυχική ιατρική. Τώρα αυτοί οι κανονισμοί επείγουν περισσότερο, για ν' αποκτήσετε καλή υγεία.
Να μάθετε να διατηρείτε την σπονδυλική στήλη πάντα ορθή. Να πατάτε με σωστή ισορροπία και στα δύο πέλ-

ματα. Να αισθάνεστε πάντα ότι είστε μπροστά στον Διδάσκαλο και δεν πρέπει ποτέ να μιλάτε ούτε να σκέπτεστε κακό για κανέναν.

136.
Η νοητική και σωματική υγεία πρέπει να συμβαδίζουν. Πρέπει να εκτελούμε αργά τις αναπνευστικές ασκήσεις, όπως εξηγήσαμε πριν. Να κρατάμε όσο μπορούμε την αναπνοή μας με συγκέντρωση σκεπτόμενοι ότι αποβάλουμε από τους πνεύμονες και το αίμα μας τα καταστρεπτικά άτομα. Πρέπει να κάνουμε και ασκήσεις φυσικής αγωγής προκειμένου να διατηρούμε την σπονδυλική μας στήλη ίσια και ευέλικτη. Επίσης πρέπει να κάνουμε συχνά λουτρά με χλιαρό νερό. Να εκθέτουμε το σώμα μας στις ηλιακές ακτίνες πρωί και απόγευμα εκτός από το κεφάλι που πρέπει να διατηρούμε δροσερό με μία βρεγμένη πετσέτα. Κατά την διάρκεια των αναπνευστικών και φυσικών ασκήσεων ο Νους πρέπει να είναι ήρεμος και απαλλαγμένος από άγχος και απαισιόδοξες σκέψεις, ώστε να μην απορροφώνται ακατάλληλα άτομα. Η λειτουργία της πέψης πρέπει να είναι τέλεια. Η δυσκοιλιότητα που προκαλεί όλες τις ασθένειες μπορεί να θεραπευθεί εάν πίνουμε νερό (μερικές γουλιές κάθε 15-20 λεπτά κατά την διάρκεια όλης της ημέρας. Η τροφή πρέπει να είναι καλομασημένη και χωρίς βία, θυμό ή άγχος. Συνιστάται η κατανάλωση πολλών και ώριμων φρούτων εποχής. Να τρώτε απ' όλα με σύνεση. Όταν φτάσετε στην εσωτερική ανάπτυξη, το ΕΓΩ θα σας οδηγήσει, εμπνέοντάς σας επιθυμίες σχετικά με το τι θα φάτε και τι θα πιείτε. Δηλαδή αυτό ακριβώς που χρειάζεται το σώμα σας. Πρέπει να μάθετε να ελέγχετε τι τρώτε χωρίς να χάνετε το μέτρο στην κατανάλωση τροφίμων.

137.
Υπάρχουν τριών ειδών άνθρωποι - ο Φυσικός, ο Νοητικός, και ο Πνευματικός. Η κατασκευή του προσώπου και της κεφαλής το δείχνουν σαφώς αυτό.

138.
Ο μαθητής πρέπει ν' αναπτύξει πολλά κέντρα του σώματός του, φαινομενικά ατροφικά λόγω της αδράνειάς τους. Αυτό επιτυγχάνεται με την άσκηση της εισπνοής και της συγκέντρωσης. Η νοητική υγεία και η ηρεμία της συνείδησης είναι απολύτως αναγκαία για την απόκτηση της σωματικής υγείας.

139.
Το ΣΕΞ είναι πάντα το μεγάλο πρόβλημα για τον πνευματικό άνθρωπο. Αμέτρητες φορές τον βασανίζουν οι σκέψεις γύρω από το σεξ αλλά και η σχετική επιθυμία. Εδώ επίσης πρέπει να χειριστείτε αυτό το θέμα με σύνεση. Το σεξ είναι σαν ένα παιδί που μπορούμε να το ξεγελάσουμε εύκολα. Η παρακάτω άσκηση μπορεί να βοηθήσει το μαθητή.

ΑΣΚΗΣΗ:
Κοιτάζουμε επίμονα ένα λευκό άνθος. Έπειτα κλείνουμε τα μάτια και προσπαθούμε να δούμε τα χρώματα που παρουσιάζονται ενώ διατηρούμε κλειστά τα μάτια. Σφίγγουμε δυνατά τους δακτυλίους που βρίσκονται στην έξοδο του παχέως εντέρου (δακτυλίους Morgan, όπως είναι γνωστοί στην ιατρική επιστήμη). Εισπνέουμε αργά από την μύτη μέχρι να γεμίσουμε τους πνεύμονές μας. Κρατάμε την αναπνοή μας και σκεπτόμαστε την ενέργεια που διέρχεται από τον νωτιαίο μυελό μέχρι να φτάσει στην καρδιά. Τότε θα αισθανθούμε μία θερμότητα

να ανέρχεται από χαμηλά, από την κοιλιά μέχρι την καρδιά. Μ' αυτές τις πρακτικές μπορούμε να κυριαρχήσουμε στο σεξ με φρόνηση.

140.
Πρέπει επίσης να πίνουμε το λιγότερο δύο λίτρα νερό καθημερινά ανάμεσα στα τρία κύρια γεύματα. Έτσι απελευθερώνουμε το πεπτικό μας σύστημα από ακαθαρσίες και κατάλοιπα τροφών. Είναι επίσης αναγκαίο να καθαρίζουμε τα ρουθούνια μας αναρροφώντας χλιαρό νερό. Έτσι αποφεύγουμε την καταρροή και ενδυναμώνουμε τις ευσταχιανές σάλπιγγες. Πριν από τις ασκήσεις πρέπει να πίνουμε λίγο νερό.

141.
Τα θετικά άτομα που εισπνεύσαμε επικοινωνούν μεταξύ τους καλύτερα όταν το στομάχι είναι καθαρό. Να ευλογούμε και να μαγνητίζουμε το νερό πριν το πιούμε. Αυξάνεται έτσι η θεραπευτική του δύναμη γιατί μετατρέπεται σε μαγνήτη που έλκει όλα τα αγνά και εποικοδομητικά άτομα.

142.
Για την ώρα μάθαμε ότι πρέπει να εισπνέουμε ηλιακά άτομα από το δεξί ρουθούνι. Εάν αυτό είναι βουλωμένο και λειτουργεί μόνο το αριστερό, αρκεί να ξαπλώσουμε λίγο με την αριστερή πλευρά για μερικά λεπτά κι αμέσως θα ξεβουλώσει. Εάν είμαστε όρθιοι αρκεί να βάλουμε ένα ρολό χάρτιου υγείας ή ό,τι άλλο κάτω από την μασχάλη και αμέσως πετυχαίνουμε το ίδιο.

143.
Κάθε τύπος ανθρώπου μπορεί να παίρνει την τροφή και

να κάνει την ζωή που αρμόζει στην ιδιοσυγκρασία του.
- Ο φυσικός τύπος που τον χαρακτηρίζουν το πλάτος και η δύναμη σιαγόνων του πρέπει να προσέχει το στομάχι, το συκώτι και όλο το πεπτικό του σύστημα.
- Ο νοητικός τύπος πρέπει να προσέχει τους πνεύμονές του, και τέλος
- Ο πνευματικός τύπος πρέπει να ζωογονεί τα σεξουαλικά του όργανα με βαθιές αναπνοές ενώ πρέπει να τα εμβαπτίζει σε δροσερό νερό.
Όταν κοιμόμαστε από το αριστερό πλευρό ανοίγει το δεξί ρουθούνι μέσω του οποίου εισέρχεται στο σώμα θετική ηλιακή ενέργεια που κάνει το πεπτικό σύστημα να λειτουργεί καλύτερα.

144.
Η πρώτη ΑΣΚΗΣΗ είναι η εξής:
α. Καθόμαστε με την σπονδυλική στήλη σε κάθετη θέση.
β. Πλέκουμε το χέρια με τους αντίχειρες σταυρωμένους έτσι ώστε κανένα καταστροφικό άτομο να μην μπορεί να εισχωρήσει. Σ' αυτή την στάση πρέπει να σχηματίσουμε την επιθυμία και να επιδιώξουμε την επιτυχία με απόφαση και σιγουριά.
γ. Εισπνέουμε ως ότου γεμίσουν οι πνεύμονες. Κρατάμε την εισπνοή μας.
Όσο μπορούμε χωρίς να αισθανθούμε κούραση και κατά την εκπνοή κατευθύνουμε την σκέψη μας προς το κέντρο (τσάκρας) που θέλουμε να αναζωογονήσουμε, ώστε να εκδηλώσει τις ικανότητές του και την ισχύ του.
Ο Νους πρέπει να είναι πάντα έτοιμος και αγνός.

Επαναλαμβάνουμε αυτή την άσκηση επτά φορές, με αυτοσυγκέντρωση στο μαγνητικό κέντρο που επιθυμούμε με αφύπνιση. Στο τέλος της άσκησης ευχαριστούμε νοητικά τα άτομα που εισπνεύσαμε στο άτομο-Νους και στην καρδιά που πάντα απαντά με μία ευαίσθητη εσωτερική εκδήλωση. Κάνοντας αυτή την άσκηση τουλάχιστον τρεις φορές την ημέρα μετά από έναν μήνα ή νωρίτερα, θ' αρχίσουμε να αισθανόμαστε τα αποτελέσματα. Πρώτα μία αίσθηση θερμότητας στο αναφερόμενο κέντρο και τότε είναι η ώρα που θα αντλήσουμε καθαρές οδηγίες από τον εσώτερο κόσμο του ΕΓΩ.

145.
Ο άνθρωπος που διατηρεί την φλόγα του στραμμένη σ' ένα ιδανικό, θα το αποκτήσει σίγουρα και αλάνθαστα, διότι μέσω της διαρκούς επίμονης φλογερής επιθυμίας ο Νους συγκεντρώνεται και διανέμει τα άτομα που εισπνεύστηκαν στην κυκλοφορία του αίματος. Αυτά τον φέρνουν σ' επαφή με την πηγή της υγείας και της ισορροπίας.

146.
Η Σκέψη είναι ο άνθρωπος. Όπως είναι ο άνθρωπος στην καρδιά του έτσι είναι και αυτός. Να στοχεύει, να εισπνέει και να διαλογίζεται.

147.
Ο ζηλωτής έρχεται πρόσωπο με πρόσωπο με τον ίδιο τον εσωτερικό Διδάσκαλο που τον οδηγεί, τον διδάσκει και του αποκαλύπτει όσα μυστήρια είναι γραμμένα στο νευρικό του σύστημα με τρόπο που να τον εμπνέει και να τον ευαισθητοποιεί για να τα αντιληφθεί με την νόηση. Με τα παραπάνω εξυψώνει την δημιουργική ενέργεια σε ανώτερες περιοχές του σώματος, αυξάνεται η νοητική ενέργεια του ανθρώπου και με τις ασκήσεις δημιουργείται γύρω του το αυριανό αυγό, δηλαδή ένα είδος φω-

τεινής ενέργειας (αύρα). Αγνή ουσία της σπερματικής ενέργειας. Είναι σαν την φλόγα της φωτιάς χωρίς καπνό. Αυτό το λευκό και διάφανο φως είναι ο ναός του Διδασκάλου, του Νου, και λειτουργεί ως πομπός της επιθυμίας του ΕΓΩ.

148.
Ο άνθρωπος έχει επτά μαγνητικά κέντρα στο σώμα του. Κάθε κέντρο είναι και μια τάξη του εσωτερικού Πανεπιστημίου. Όταν αναπτυχθούν όλα αυτά τα κέντρα ή αποσφραγιστούν οι επτά Σφραγίδες, όπως αναφέρεται στην Αποκάλυψη, ο ζηλωτής θα μπορεί να γνωρίσει τις προηγούμενες ζωές του και συνεπώς και τις μελλοντικές. Η αφύπνιση αυτών των Κέντρων θα αποδείξει την εξέλιξη του ανθρώπου από το κατώτατο μέχρι το σημερινό πεδίο, ερχόμενος σ' επαφή με τις δύο φύσεις και τις επιρροές των πλανητών. Όταν φτάσουμε μέσα σ' αυτό το στάδιο δεν βλέπουμε πουθενά, ούτε σε κανέναν το κακό, γιατί δεν το έχουμε μέσα μας. Θα έλκουμε το καλό και θα είμαστε ικανοί να θεραπεύσουμε με μια μόνο λέξη ή μια κίνηση.

149.
Ακόμα και τον θάνατο θα τον βλέπουμε σαν κάτι οικείο, μία φυσιολογική ανάγκη της ζωής. Ο ζηλωτής που θα θέλει να αφοσιωθεί στην ανώτερη ζωή, θα συναντήσει την Σοφία σε όλα τα γεγονότα της ζωής. Ο χαρακτήρας του θα είναι υπεράνω κάθε υποψίας και ρύπου. Όταν είναι σπερματικά ισχυρός κυριαρχεί στα εσωτερικά πάθη του κτήνους, αλλιώς θα συρθεί στον κατώτερο κόσμο του. Κάθε σοβαρός και πιστός Μαθητής που είναι απαλλαγμένος από ματαιοδοξία και εγωισμό, αργά ή γρήγορα θα συναντήσει το ανώτερο Εγώ του που θα τον οδη-

γήσει μέχρι την θεία Παρουσία.

150.
Ο Διδάσκαλος-μεταφορέας, ο αρχιτέκτονας που βρίσκεται σε κάποιο σημείο του σώματος (καρδιά), είναι αυτός που ετοιμάζει τον Μαθητή με το ιερό πυρ, συνώνυμο της βάπτισης δια του πυρός, το οποίο δίνει ενέργεια και λειτουργία στο σπερματικό σύστημά στο αυρικό αυγό και απ' αυτό στον νοητικό κόσμο δημιουργώντας έτσι ένα τέλειο νοητικό σώμα.

151.
Αυτό το Ιερό Πυρ είναι ο στόχος και ο σκοπός κάθε Μαθητή. Είναι η Θεία Κληρονομιά από την οποία δεν ήξερε να λάβει τα ευεργετήματα. Ο Μαθητής πρέπει να συλλέξει αγνά άτομα (μόρια) για το άτομο Νους που θα τα κατευθύνει στην εργασία του για την οικοδόμηση του Νου. Ο Νους είναι ο Διδάσκαλος - τέκτων του Σώματος.

152.
Φυσικό Σώμα είναι ο Ναός του Σοφού Μάγου, είναι το έρεισμα, η βοήθεια και μέσω αυτού προσπαθεί να κυριαρχήσει σε αγγέλους και δαιμόνια. Είναι αναγκαίο να το διατηρεί αγνό και υγιές, γνωρίζοντας το καλά για να μπορεί να το μεταχειριστεί σύμφωνα με τους υπέρτατους Θείους Νόμους που εκδηλώνονται σ' αυτό μέσω του ΕΓΩ.

153.
Υπάρχουν στον άνθρωπο δύο νοήμονες ή ευφυείς δυνάμεις που αντιπροσωπεύουν την ανώτερη και κατώτερη φύση του. Αυτές οι δύο δυνάμεις ή δύο φύσεις είχαν διάφορα ονόματα σε παλαιότερες εποχές, ανάλογα με

τις διάφορες θρησκείες-Άγγελος-Δαίμων, Φύλακας Άγγελος- Τρόμος του Κατωφλίου, Μιχαήλ-Σατανάς, κλπ. Εδώ θα τις ονομάζουμε Ανώτερο και Κατώτερο Εγώ.

154.
Το Ανώτερο Εγώ είναι σύνθεση όλων των καλών που έχει ο άνθρωπος. Είναι ο προστάτης και ο μεσολαβητής. Αυτό επιστατεί στην ανάπτυξη των Κέντρων. Το ανώτερο Εγώ είναι μία οντότητα Φωτός. Είναι ο Άγγελος της μεγαλοπρέπειας, λαμπρός, αστραφτερός, ο Θεός, η παρουσία του οποίου είναι τρομερή λόγω της λάμψης που εκπέμπει.

155.
Το Κατώτερο Εγώ είναι ο Κάτοικος. Είναι το φάντασμα ή ο Τρόμος του Κατωφλίου. Είναι ο καταχθόνιος άγγελος που εμφανίζεται με εκθαμβωτική ομορφιά και πανούργα ακτινοβολία. Με μεγάλη ευκολία μπορούμε να αισθανθούμε την παρουσία του μέσα μας και να τον αποφεύγουμε.

156.
Με την ανάπτυξη του εαυτού του και τις ασκήσεις ο Μαθητής θα αισθανθεί τη διπλή παρουσία αυτών των δύο δυνάμεων μέσα του και γι' αυτό παρατηρούμε ότι κάθε άνδρας ή γυναίκα έχουν διπλή δράση ή τρόπο ενέργειας στην ζωή.

157.
Το Ανώτερο και το Κατώτερο Εγώ είναι δικά μας δημιουργήματα κατά την διάρκεια των προηγούμενων ενσαρκώσεών μας - ανταγωνιστικές σκέψεις/μορφές. Το Ανώτερο είναι το άθροισμα όλων των υψηλών και φω-

τεινών εννοιών στις επιδιώξεις, στις σκέψεις και στα έργα μας. Το δε Κατώτερο είναι το άθροισμα των κακών παθών επιθυμιών και έργων μας.

158.
Όταν ο ζηλωτής φθάσει στην εσωτερική ανάπτυξη θ' αρχίσει να βλέπει καθαρά και θα μπορεί να διδάξει και τους άλλους να δουν τον δικό τους εσώτερο κόσμο. Δεν θα είναι προφήτης ή μάντης με την έννοια που έχουν σήμερα αυτές οι λέξεις, αλλά θα είναι ένας πραγματικός ιατρός που θα προβλέπει τα μακρινά αποτελέσματα των σημερινών αιτιών και πράξεων και την ανταμοιβή των καλών. Κάθε αντίσταση στο Θείο Νόμο είναι ένα λάθος και κάθε λάθος φέρει μαζί του τον πόνο. Κατά τον ίδιο τρόπο, οι δυστυχίες μένουν γαντζωμένες στο σώμα με την μορφή μίας έξυπνης οντότητας που την ονομάζουμε Κατώτερο Εγώ. Κατά τον ίδιο τρόπο η επιδίωξη υψηλών ιδανικών και ορθών στόχων και Σοφία δημιουργεί στον άνθρωπο μιαν άλλη φωτεινή οντότητα που την ονομάζουμε - Ανώτερο Εγώ.

159.
Και τα δύο Εγώ είναι δικά μας δημιουργήματα που κατέχουν τις γνώσεις όλων των εποχών μας, των ζωών μας, όμως την αληθινή Σοφία δεν την κατέχει κανένα από τα δύο. Η Αλήθεια πηγάζει από το ΕΓΩ. Το Ανώτερο Εγώ είναι ο Ουρανός και το κατώτερο η Κόλαση. Είναι η Αλήθεια ότι μέσα σ' αυτήν δεν χωρούν οι ιδέες του Καλού και του Κακού. Γι' αυτό τον λόγο είπαμε ήδη ότι πρέπει κάποιος να είναι υπεράνω του καλού και του κακού για να μπορέσει να αισθανθεί την ένωση με το ΕΓΩ.

160.
Το Ανώτερο Εγώ μας διδάσκει με ποιόν τρόπο να δια-

χωρίζουμε το αληθινό από το απατηλό. Μας βοηθάει να κάψουμε τα χονδροειδή άτομα με το εσωτερικό πυρ κι έτσι να τσακίσουμε την δύναμη του εσωτερικού εχθρού. Αυτό πρέπει να γίνει μέσα στο σώμα. Πώς μπορεί να επιτευχθεί αυτό; Με τη σωστή εισπνοή και την αυτοσυγκέντρωση.

161.
Μ' αυτά επίσης μπορούμε να έλκουμε στο σώμα μας το επιθυμητό αντικείμενο και με τον διαλογισμό να γνωρίζουμε τα πράγματα όπως είναι στην πραγματικότητα και να ταυτιζόμαστε μαζί τους. Όταν ο μαθητής ενώνεται με την ευφυή ουσία των πραγμάτων, αυτή επαναλαμβάνεται όσο διατηρεί την αυτοσυγκέντρωση. Η σκέψη δημιουργεί γύρω από το σκεπτόμενο αντικείμενο ένα είδος τείχους που το απομονώνει από τις υπόλοιπες εξωτερικές επιδράσεις. Ο διαλογισμός είναι σαν να απευθύνετε ερωτήσεις προς την Ηλιακή Νοημοσύνη που βρίσκεται μέσα σε όλες τις ουσίες και μέσα μας. Αυτή απαντά τις περισσότερες φορές όταν ο διαλογισμός είναι σωστός.

162.
Το εσωτερικό Εγώ κάθε όντος απαντά σε κάθε διαλογισμό. Αυτή είναι και η βαθύτερη αιτία της προσευχής για του νεκρούς και του ζωντανούς. Όταν σκεπτόμαστε έναν φίλο ή έναν εχθρό, τους στέλνουμε αγάπη ή μίσος. Ενώνουμε δηλαδή την δική μας ατμόσφαιρα με την δική τους και το Ανώτερο Εγώ τους, μας απαντά ανάλογα με τον τρόπο που προσβάλλεται η νοητική ατμόσφαιρά του από τις σκέψεις μας. Αυτό σημαίνει ότι αυτό που επιθυμούμε για τους άλλους μας επιστρέφε-

ται αυξημένο και δυνατότερο.

163.
Αυτός ο ίδιος τρόπος ενεργεί και εντός μας και η απάντηση λαμβάνεται με τον ίδιο τρόπο. Γι' αυτό είναι αναγκαίο να μελετάμε πρωτίστως τους νόμους των εσωτερικών κέντρων μας που είναι βαθμός σοφίας, ανάλογα με το κέντρο. Πρέπει να έχουμε αγνότητα στις σκέψεις και τις επιδιώξεις μας για να μπορέσουμε να βρούμε και να λάβουμε το ποθούμενο. Ο σκοπός αυτών των λίγων λέξεων είναι να μελετήσουμε τους εσωτερικούς νόμους για να εξελιχθούμε αργότερα με την μεθοδική και συνεπή πρακτική. Κάθε ζηλωτής πρέπει ν' ανακαλύψει μόνος του ένα από τα τρία μεγάλα μυστικά που προσαρμόζεται στον χαρακτήρα του με σκοπό να ενωθεί με το ΕΓΩ.

ΚΕΦΑΛΑΙΟ 4ο
ΜΕ ΚΑΤΕΥΘΥΝΣΗ ΠΡΟΣ ΤΟ ΕΣΩΤΕΡΙΚΟ

164.
Στο σεξ υπάρχει μία ενέργεια είτε δημιουργική είτε καταστρεπτική ανάλογα με τον τρόπο που την χειρίζεται ο ζηλωτής. Εάν τα επιδιωκόμενα και εισπνεόμενα άτομα είναι ηλιακά, αυτή η Ενέργεια (ευφυΐα ή νόηση) ανάβει από το νευρικό σύστημα με την μορφή Φωτός, προκαλώντας την γέννηση του εσωτερικού Χριστού, του σωτήρα του κόσμου της καρδιάς.

165.
Η αγνή επιδίωξη και εισπνοή αφυπνίζουν την ενέργεια - Φως, ενώ οι επιθυμίες και τα πάθη ζωντανεύουν το εσωτερικό πυρ που καταναλώνει την ψυχή του όντος. Όταν ανέρχεται αυτή η ενέργεια σπάει τις επτά σφραγίδες όπως λέει η Αποκάλυψη, δηλαδή τα επτά κύρια μαγνητικά κέντρα μέχρι να βγει στην κορυφή της κεφαλής. Τότε θα μπορέσει να πει ο μαθητής όπως ο Ναζωραίος "Εγώ και ο Πατέρας είμαστε" ένα, ή "Πάω στον Πατέρα". Όταν συμβεί αυτό, το Εγώ είναι έτοιμο να απελευθερωθεί.

166.
Απελευθέρωση θα πει να ξεχαστείς για να μετατραπείς σ' ένα όργανο του ΕΓΩ. Να ξεχαστείς όμως δεν σημαίνει ότι πρέπει (όπως νομίζουν πολλοί) να αρνηθείς στο

σώμα τις ανάγκες του, τις χαρές του και τις τέρψεις του, και να γίνεις καλόγερος, ασκητής ή ερημίτης, γιατί κανένα από αυτά τα όντα δεν είναι όργανο του ΕΓΩ . Αντίθετα αυτοί είναι υπό την κυριαρχία μίας εγωιστικής αρετής με την επιθυμία να σωθούν.

167.
Το αληθινό όργανο του ΕΓΩ είναι ο ΥΠΕΡΑΝΘΡΩΠΟΣ, ο σωτήρας του κόσμου. Το μοναδικό ον που ενώνεται με την πραγματικότητα που εκτελεί την επιθυμία του Πατέρα από την αρχή του εσωτερικού βασιλείου. Είναι σαν τον Ήλιο που εκπέμπει και λούζει με φως και θερμότητα όλα τα όντα, είναι η νερομάνα για κάθε ζωντανό όν. Είναι ο ζωογόνος αέρας για όποιον θέλεις να αναπνεύσεις. Αυτή είναι η ένωση με το εσώτερο.

168.
Όταν συμβεί αυτό, ο άνθρωπος μόνο τότε και όχι πριν μετατρέπεται σ' έναν διδάσκαλο. Θα αισθανθεί την κοσμική συνείδηση και θα του αποκαλυφθούν τα μυστήρια και η δραστηριότητα της ανθρώπινης διάνοιας. Στο στάδιο αυτό μαθαίνει και αισθάνεται τον τρόπο του χειρισμού των νοητικών δυνάμεων καθώς και πώς να θεραπεύει τις άρρωστες διάνοιες. Η διάνοια του Παγκόσμιου Διδασκάλου τον καθοδηγεί σε όλες τις εμπειρίες και προσπάθειές του.

169.
Ο Άνθρωπος πρέπει να περάσει από τρεις γεννήσεις για να μπορέσει να γίνει Υπεράνθρωπος. Την γέννηση του Φυσικού, του Εσωτερικού, και του Εσώτερου. Από τον εσώτερο κόσμο μπορούμε να δούμε την ανάπτυξη και την εξέλιξή μας από την πρώτη κάθοδο στην ύλη και

μπορούμε να δούμε ακόμη μέχρι και την χαραγμένη ατραπό για το μέλλον. Στον εσωτερικό κόσμο όμως, αισθανόμαστε αιώνιοι, σαν να μην είχαμε ποτέ αρχή και σαν να μην μπορούμε να έχουμε ποτέ τέλος.

170.
Από το Εσωτερικό Βασίλειο ο άνθρωπος με ανεπτυγμένες δυνάμεις απορροφά την τροφή του χωρίς να προσέχει τις επιθυμίες του σώματός του. Το ίδιο κάνει επίσης όταν αναπνέει αέρα, χωρίς να δίνει προσοχή στην ανάγκη των πνευμόνων του. Αυτό ακριβώς είναι που θέλω να εξηγήσω πιο κάτω. Ο μυημένος ξεχωρίζει τον εαυτό του για να υπηρετήσει τους άλλους. Αυτό ακριβώς ήθελε να πει και ο Ιησούς όταν είπε, "Να ζητάτε το Βασίλειο του Θεού και σωστό χειρισμό και όλα θα σας δοθούν αυξημένα." Όταν η ζωή είναι αφιερωμένη στην εργασία χάριν του μεγάλου έργου και δεν αναζητά πλούτη ή ανέσεις τότε όλα θα σου δοθούν επαρκώς έτσι όπως το υποσχέθηκε. Αυτός που ποτέ δεν είπε ψέματα.

171 α.
Ο Μύστης εργάζεται γενικά με τον νοητικό κόσμο ή στο νοητικό πεδίο, χειριζόμενος την υπέρτατη Νόηση που κατοικεί στο Νου, για να κατευθύνει τους μαθητές του και τους άλλους. Αυτή η δύναμη κατακτάται μέσω ενός ειδικού τύπου αναπνοών που διδάσκονται σ' αυτόν που χαράζει την ατραπό και έχει αξία. Ο εσωτερικός διδάσκαλος τον κατευθύνει στην απορρόφηση και την εισπνοή υλικών ατόμων του νοητικού σώματος. Ο άτρωτος ναός του διδασκάλου του Νου ο οποίος ενεργεί σαν πομπός μεταβιβάζει την δύναμη του εσώτερου. Το νοητικό σώμα είναι σαν ασπίδα του διδασκάλου του Νου και πά-

νω σ' αυτήν είναι χαραγμένες όλες οι γνώσεις των Κυρίων του Νου.

171β.

Οι επτά σφραγίδες του Ιερού Βιβλίου της Αποκάλυψης ανοίγουν εύκολα όταν ο εσωτερικός κόσμος διαπερνάται συνειδητά και μπορούν να γίνουν ορατές οι αιτίες όλων των αποτελεσμάτων. Είναι επίσης η αιτία της ύπαρξης όλων των αποτελεσμάτων και των επιτυχιών. Σ' αυτές αποκαλύπτεται η μυστική αιτία όλων των πολέμων και ο λόγος των πολέμων μέσω των οποίων τιμωρείται και υποφέρει η ανθρωπότητα.

172.

Κάθε δικτάτορας και γενικότερα κάθε κυβερνήτης που αφήνεται να καθοδηγείται από την προσωπικότητά του αργά ή γρήγορα θα εξολοθρευτεί μαζί με το έργο του. Ο κυβερνήτης όμως που ζητά να καθοδηγηθεί από τους Μύστες της πνευματικής ιεραρχίας μέχρι να μπορέσει αυτός ο ίδιος ν' ακούσει την φωνή του δικού του ΕΓΩ θα ήταν μια ευλογία για το ΄Εθνος του και για τα άλλα έθνη. ΄Ενας τέτοιος κυβερνήτης θα έβλεπε στον εσωτερικό κόσμο τα νοητικά και κακοήθη ρεύματα που προετοιμάζουν τους πολέμους και προκαλούν καταστροφή. Ωστόσο τέτοια ρεύματα είναι αυτά που τιμωρούν τον κόσμο για τα λάθη που έχει διαπράξει. Η αρχαία Σοφία επιβεβαιώνει ότι ο Θεός μεταχειρίζεται τους ανθρώπους για να τιμωρεί τον Άνθρωπο. Αλίμονο όμως σ' αυτούς που βλέπουν τον Θεό σαν όργανο τιμωρίας.

173

Όταν ο Μύστης συντονιστεί με τα δονητικά κύματα του διδασκάλου που κατοικεί στο νοητικό σώμα, αποκτά τη

Φώτιση του Νου και τότε συντονίζεται με ορισμένα ρεύματα της κοσμικής συνείδησης μετατρέποντας σε Φως εκείνους που έρχονται σε επαφή μαζί του. Στην κατάσταση αυτή ο Μαθητής δέχεται οδηγίες από το εσωτερικό του. Για κάθε πρόβλημα υπάρχει μια απάντηση και όπως είπε ο Ναζωραίος Διδάσκαλος, "Αυτή την ώρα δεν πρέπει να σκέπτεστε τι πρέπει να πείτε, γιατί το Άγιο Πνεύμα θα σας εμπνεύσει πότε και τι πρέπει να πείτε και να απαντήσετε."

174.
Η ατραπός προς τον Εσωτερικό Κόσμο είναι το συμπαθητικό σύστημα. Για να φτάσουμε σ' αυτόν πρέπει πάντα να επιδιώκουμε να εισπνέουμε και να σκεπτόμαστε με απόλυτα θετικό τρόπο. Έτσι θα υπακούμε στην υπερσυνείδηση που κατευθύνει τα πάντα. Πρέπει να είμαστε θετικοί και υγιείς στο σώμα και στον Νου.

175.
Οι πραγματικοί Υπεράνθρωποι είναι πολύ απλοί μέχρι ντροπαλοί στην επίδειξη των δυνάμεών τους. Ωστόσο ακτινοβολούν υγεία, ενώ αντίθετα οι θρασείς και οι ήρωες του πολέμου είναι αρνητικοί και αρρωστημένοι καθώς έλκουν άτομα καταστρεπτικά και αρνητικά από τον εσωτερικό εχθρό.

176.
Τα αρνητικά όντα βλάπτουν τους ανθρώπους που τους περιβάλλουν. Μιλάνε πολύ, ασχολούνται με κοινά και χυδαία πράγματα, χωρίς να σκέπτονται την εξύψωση των σκέψεων των άλλων. Ο λόγος πρέπει να εξευγενίζει αυτόν που τον ακούει. Γι' αυτό έχει ειπωθεί ότι θα δώσουμε λογαριασμό για κάθε άχρηστη λέξη. Αυτός

που δεν μπορεί να εξυψώσει τον πλησίον του με λέξεις θα ήταν καλύτερο να παραμένει σιωπηλός για να μην εμποδίζει το ρευστό που εισχωρεί κατά την ώρα της σιγής και του διαλογισμού του.

177.
Έτσι, όπως καμία ασθένεια φυσική ή επίκτητη δεν εκδηλώνεται εάν πρωτίστως δεν έχει εκδηλωθεί στο ψυχικό σώμα. Με τον ίδιο τρόπο επίσης τα έργα, οι τέχνες και οι εφευρέσεις πριν εκδηλωθούν στον Φυσικό Κόσμο δημιουργούνται αρχικά κατά την διάρκεια του ύπνου. Υπάρχουν και ευαίσθητα όντα που έχουν το χάρισμα να συντονίζονται με ορισμένα πνεύματα και να γράφον καθ' υπαγόρευση βιβλία ηθικοπλαστικού περιεχομένου, με ορισμένο βέβαια βαθμό ευφυΐας, τα οποία όμως περιορίζονται στις ηθικές συμβουλές γιατί το διάμεσο δεν μπορεί να φτάσει την Ανώτατη Διάνοια.

178.
Με την συνεχή πρακτική μπορούμε να έχουμε δύναμη τόσο στο δικό μας συμπαθητικό σύστημα όσο και σ' αυτό των άλλων. Μέσω αυτού του συστήματος θα μπορούμε να θεραπεύσουμε ασθένειες, όπως θα δούμε όταν ασχοληθούμε με την ψυχική ιατρική. Η πρακτική μας διδάσκει πώς να κυριαρχούμε στο συμπαθητικό μας σύστημα και με ποιον τρόπο να το συνδέσουμε στο Κεντρικό Νευρικό Σύστημα για να εναρμονιστούν και τα δύο. Τότε θα μπορέσουμε να γνωρίσουμε και να δούμε τον διδάσκαλο που μας στάλθηκε για να μας κατευθύνει στον εσωτερικό κόσμο.

179.
Όταν αναπνέουμε, εισπνέουμε μαζί με τον αέρα άτομα συντονισμένα με τις επιδιώξεις μας και τις σκέψεις μας.

180.
Όλοι οι άνθρωποι έχουν άτομα της ίδιας ποιότητας μ' αυτούς του ίδιους. Οι τροφές παίζουν επίσης τον ίδιο ρόλο όπως και ο ακάθαρτος αέρας που είναι γεμάτος από διεφθαρμένα άτομα τα οποία εισπνέουμε και τα οποία λερώνουν το αίμα εμποδίζοντας τις εξυψωμένες και ισχυρές ενέργειες να το αναζωογονήσουν.

181.
Κατά την διάρκεια της προετοιμασίας πρέπει να έχουμε ένα αγνό και υγιές περιβάλλον. Δεν πρέπει να τρώμε ακατάλληλες ή χαλασμένες τροφές. Πρέπει να αναπνέουμε πάντα φρέσκο και καθαρό αέρα είτε είμαστε ξύπνιοι είτε κοιμόμαστε. Ο αέρας των πόλεων είναι απαίσιος και δυσώδης, γεμάτος βλαβερά άτομα τα οποία πνίγουν κυριολεκτικά σωματικά και ψυχικά τα όντα του Φωτός. Για τον ψυχιστή, ο αέρας έχει και χρώμα και οσμή. Αρκεί να αισθανθεί τον αέρα ενός ορισμένου χώρου για να εντοπίσει την ασθένεια που κυκλοφορεί σ' αυτό τον χώρο. Επίσης η μυρωδιά του ασθενούς του αποκαλύπτει την φύση της ασθένειας.

182.
Ο κρύος αέρας της σεληνόφωτης νύχτας και το χιόνι είναι οι καλύτεροι εξαγνιστές των ατόμων που βρίσκονται σε μεγάλο αριθμό στην κατώτερη φύση. Εάν επιθυμούμε πραγματικά να πετύχουμε κάποιον ανώτερο σκοπό με την εισπνοή και τον διαλογισμό είναι απαραίτητο να έχουμε τον Νου μας αμόλυντο.

183
Το άτομο - Νους περιστρέφεται γύρω από το Κέντρο του όπως ο Ήλιος του συστήματός μας και συγχρόνως κατευθύνει την κυκλοφορία του αίματος. Γυρίζοντας στην

ατμόσφαιρα του ανθρώπου, αυτή η κυκλοφορία καθορίζει και καταγράφει την φωτεινότητα της αύρας του.

184.
Το αίμα είναι το όχημα το ΕΓΩ και είναι αυτό που μας φέρνει σε συνειδητή επαφή με τον Θεό. Μέσω του αίματος εκδηλώνεται η νοητική αύρα, της οποίας η ακτινοβολία είναι διαφορετική σε κάθε ον και είναι αυτή που αποκαλύπτει την αξία κάθε ανθρώπου. Είναι αλήθεια ότι μπορούμε να δούμε την αύρα; Χωρίς καμία αμφιβολία, ναι. Στο μέλλον όταν μιλήσουμε για το ψυχικό σώμα θα εξετάσουμε πώς θα την δούμε και θα την μελετήσουμε, θα δώσουμε και ορισμένες οδηγίες ώστε ν' αναπτύξουμε αυτή την ικανότητα που είναι στην παρουσία όλων των ανθρώπων.

185.
Ένας διορατικός μπορεί να διδάξει διορατικότητα αρκεί να στείλει την φωτεινή δόνησή του στο άτομο - Νου του μαθητή και το άτομο αυτό την στέλνει και την αντανακλά σε έναν ειδικό αδένα, που λέγεται επίφυση στην ιατρική ορολογία, το οποίο είναι το μοναδικό μάτι της διόρασης. "Θα στείλω το πνεύμα μου και οι γιοι και οι κόρες σας θα προφητεύουν." Μελλοντικά οι τρόποι αυτοί θα αποκαλυφθούν σε όλους εκείνους που κατάφεραν να διατηρήσουν την αγνότητα στην καρδιά τους, στις σκέψεις και στα έργα τους.

186.
Το αγνότερο αίμα είναι το σπερματικό. Σ' αυτό ανήκει η κατεύθυνση του ρεύματος του ατόμου - Νου. Γαλάζιο αίμα σημαίνει κακό αίμα, αίμα υπερβολικά άσωτο, ακάθαρτο και αρρωστημένο. Είναι το αίμα της αμαρτωλής

αριστοκρατίας. Επιδιώκοντας λοιπόν να εισπνέουμε "ηλιακά" άτομα, συμβάλλουμε στην παροχή δύναμης και ρωμαλεότητας στο αίμα μας, παρ' όλη την αύξηση της αρτηριακής πίεσης, καθώς αυτά τα άτομα ωθούν το αίμα σε αργές και αδρανείς περιοχές.

187.
Η ατραπός της προσφοράς και της υπηρεσίας μας οδηγεί στο ΕΓΩ. Αυτός που δεν βεβηλώνει το σώμα του με μη φυσιολογικές επιθυμίες, με παρά φύση ορέξεις, όπως θα λέγαμε, θα βρει γρηγορότερα και ευκολότερα την ατραπό.

188.
Μέσω των αγνών επιδιώξεων, ο ζηλωτής θα αισθανθεί τις εντυπώσεις που θα του στείλει το άτομο - Νους, θα αντιλαμβάνεται το είδος των τροφών ή ποτών που έχει ανάγκη, όπως επίσης και την επιθυμία για νηστεία σε ορισμένες περιπτώσεις.

189.
Στο μέλλον η ανάγκη θα υποχρεώσει την επιστήμη να στραφεί σε νέες συνθέσεις τροφών από θαλάσσια φυτά, μια σπερματική ουσία που θα παρέχει στον άνθρωπο όλα όσα χρειάζεται.

190.
Η νηστεία απελευθερώνει τον άνθρωπο και την αύρα του από ορισμένα παράσιτα τα οποία προκαλούν πολλά ανεπιθύμητα οργανικά στοιχεία λόγω των απαιτήσεων της επιθυμίας και της όρεξης. Κατά την διάρκεια της νηστείας πρέπει να πίνουμε πολύ νερό για τις ανάγκες του σώματος, για τον καθαρισμό και τον εξαγνισμό του. Οι

κρεατοφάγοι δυσκολεύονται πολύ να νηστέψουν γιατί τα άτομα του κρέατος τους προκαλούν επιθυμία και αγωνία. Με την νηστεία τα αγνά άτομα του αίματος τέρπονται επειδή ελευθερώνονται από αυτή την ζωική.

ΚΕΦΑΛΑΙΟ 5
Ο ΝΟΜΟΣ ΤΗΣ ΑΝΤΑΠΟΔΟΣΗΣ
(ΤΟΥ ΑΙΤΙΟΥ ΚΑΙ ΑΙΤΙΑΤΟΥ)

191.
Πολλοί μιλούν για την μετενσάρκωση και τον νόμο της ανταπόδοσης (Κάρμα) γιατί τον διάβασαν στα βιβλία του Εσωτερισμού. Λίγοι ωστόσο το απέδειξαν με δική τους εμπειρία. Σε ένα Κέντρο του σώματος υπάρχει το Αρχείο όλων των προηγούμενων ζωών μας οι οποίες ακολουθούν τον μεγάλο Νόμο της ζωής, τον Νόμο της αντιστοιχίας των αιτίων και των αποτελεσμάτων. Πρέπει ωστόσο να σας πληροφορήσω ότι ο άνθρωπος μπορεί με την θέληση του να προκαλέσει γρήγορη αύξηση της ανταπόδοσης, ώστε να μπορέσει να τα ξεπληρώσει όλα σε μια μόνο ζωή. Μπορούμε επίσης να ξεπληρώσουμε αυτό το χρέος μας με έργα και υπηρεσίες για την ανακούφιση των άλλων και τα αποτελέσματα που θα προκληθούν από αυτές τις αιτίες θα μας απαλύνουν ή και θα μας ελευθερώσουν από το δικό μας κακό.

192.
Κάθε άνθρωπος διαλέγει τον τύπο του σώματος στο οποίο θα ενσαρκωθεί με σκοπό να καταφέρει το μέγιστο σύνολο των εμπειριών. Διαλέγει επίσης τον χώρο όπου θα γεννηθεί, τον χρόνο και τους γονείς του, Προΐσταται δηλαδή της γέννησής του. Έτσι αποφασίζει για τις μελ-

λοντικές εμπειρίες που θα τον βοηθήσουν να εξελιχθεί ως ψυχή και να γυρίσει συνειδητά στο εσώτερο. Όσο μεγαλύτερη είναι η ψυχή τόσο μεγαλύτερα είναι τα δεινά που πρέπει να εξοφληθούν. Όλοι πρέπει να λυτρωθούμε από ορισμένα χρέη υπακούοντας στον μεγάλο νόμο του αίτιου και του αιτιατού (Κάρμα) πριν μας επιτραπεί να αποκτήσουμε την γνώση των προηγούμενων ζωών, διότι αντίθετα μια τέτοια γνώση θα ήταν μια αληθινή τιμωρία και όχι ευλογία, καθώς θα γνωρίζαμε προκαταβολικά τις επερχόμενες δυστυχίες που μας δεσμεύουν στα κύματά τους. Ο μαθητής αντιλαμβάνεται ότι το ΕΓΩ είναι πολύ δίκαιο όταν μας κρύβει το μέλλον και ότι μόνο με την έμπνευση θα μπορέσει να επανορθώσει το κακό που έκανε στους άλλους, τόσο σε αυτή την ζωή όσο και στις προηγούμενες.

193.
Ο ζηλωτής αναλύει τα αίτια της αποστροφής του για ορισμένα όντα. Εάν ρωτήσει το παρελθόν θα πιστοποιήσει ότι αυτά παλαιότερα ήταν η αιτία πολλών δεινών του, αλλά κατανοεί επίσης ότι και αυτός άξιζε αυτές τις δυστυχίες διότι έπρεπε να εξοφλήσει τα δικά του χρέη. Όμως όταν κάποιος φτάσει μέχρι αυτό τον βαθμό αντίληψης, στην καρδιά του θα βασιλεύει η ειρήνη και η αποστροφή μετατρέπεται σε αγάπη για τους ίδιους τους πρώην εχθρούς του.

194.
Τα άτομα που αναπνέουμε στις πόλεις είναι βλαβερά για τον Νου, επειδή εμποδίζουν την κατανόηση των ύψιστων ιδεών και βυθίζουν τα αισθήματα στον κόσμο του εγωισμού και της φιλοδοξίας. Τα νοητικά άτομα του ανθρώπου είναι αρχεία των περασμένων ζωών του και των

πολιτισμών που έζησε. Μέσω αυτών των αρχείων μπορούμε να διαβάσουμε νοητικά τα αρχεία της Φύσης και να εισχωρήσουμε στην Σοφία τους, επειδή ο εσωτερικός κόσμος είναι ένα διαρκές μουσείο χωρίς τόπο και χρόνο. Εκεί χτυπά η αιώνια ΩΡΑ.

195.
Μέσα στον άνθρωπο βρίσκονται άτομα - Άγγελοι της ολικής σοφίας και αυτοί οι πόλοι - φορείς οδηγούν την έμπνευση του καλλιτέχνη και του ηθοποιού να εκδηλώσουν κάτι που προηγουμένως δεν τους ήταν γνωστό. Αυτά τα άτομα έχουν έμπνευση από τους αρχαίους πολιτισμούς. Υπάρχουν πολλοί άνθρωποι που ζηλεύουν την ζωή των αναχωρητών, φακίρηδων και των καλογήρων, οι οποίοι κάνουν μοναχική ζωή ή κλείνονται σε μοναστήρια, αλλά στην πραγματικότητα αυτοί που ζηλεύουν είναι άξιοι συμπάθειας, ενώ εκείνοι που αφιερώνουν την ζωή τους και έχουν τον εξωτερικό θαυμασμό, απλώς καταφέρνουν να καθυστερήσουν την ίδια τους την εξέλιξη γιατί η αληθινή εξέλιξη εκδηλώνεται προς τα έξω και όχι προς τα μέσα, όπως πιστεύουν ορισμένοι μυστικιστές. Τα ηλιακά άτομα που εισπνέονται από το θετικό μέρος της μύτης ελευθερώνουν τον Μαθητή από τέτοιες καταστάσεις.

196.
Το νοητικό σώμα είναι η προσωπικότητα του όντος και είναι ενωμένο με το σώμα των επιθυμιών και το φυσικό με μια νοητή μεμβράνη στο χρώμα του αργύρου που βρίσκεται στον εγκέφαλο. Αυτή η μεμβράνη είναι πολύ ευαίσθητη στις συγκινήσεις και στα πάθη όπως η οργή, το ξέφρενο πάθος, το αλκοόλ, τα ναρκωτικά, κλπ., τα ο-

ποία προκαλούν ρωγμές και όταν αυτή η μεμβράνη ξεφύγει από την θέση της, εμφανίζονται ασθένειες και τρέλα, διότι μέσα από τις ρωγμές - τραύματα εισχωρούν καταστρεπτικά άτομα και κακοήθεις οντότητες. Με τον τρόπο αυτό γίνεται μια αλλαγή της προσωπικότητας του όντος. Αυτή είναι η περίφημη "λεγεώνα" που λέει το Ευαγγέλιο.

197.
Ο Λευκός Μάγος γνωρίζει πώς να απομακρύνει αυτή την λεγεώνα με ειδικούς τρόπους. Τέτοιοι καταλυμένοι άνθρωποι βρίσκουν ανακούφιση στα μεγάλα ύψη διότι η πυκνότητα αυτών των ατόμων τους αφαιρεί την δύναμή τους και λόγω του βάρους που έχουν δεν μπορούν να ανυψωθούν και έτσι μοιραία εγκαταλείπονται στην πορεία.

198.
Για να γίνει κατανοητό αυτό το δίδαγμα σε όσους δεν μπορούν να το κατανοήσουν από μόνοι τους πρέπει να καταφύγουμε σε μια αναλογική διαδικασία. Χαράζουμε τέσσερις ομόκεντρους κύκλους και στο κέντρο βάζουμε ένα ακτινοβόλο σημείο. Είναι η ανθρώπινη φιγούρα.
Ο πρώτος κύκλος είναι το Φυσικό σώμα, το εκτελεστικό όργανο των υπόλοιπων σωμάτων μέσα στο οποίο κατοικεί το ΕΓΩ που είναι το ακτινοβόλο σημείο του κέντρου.
Ο δεύτερος κύκλος είναι το σώμα των Επιθυμιών. Είναι το "ΟΒ" του Reichembach, το αδιανόητο ζωτικό πυρ, ο ολέθριος μύλος της Φυσικής ζωής που περιβάλλει την Γη και το σώμα, είναι ο ουροβόρος όφις που ο ΄Ηλιος διαπερνά με τις ακτίνες του, είναι ο όφις που ξεγέλασε την Εύα, του οποίου το κεφάλι πρέπει κάποτε να το συντρί-

ψει μπρος στα πόδια της.
Ο τρίτος κύκλος είναι το Νοητικό σώμα που ονομάζεται και "OD", το σώμα των ανώτερων επιδιώξεων, το υπέρτατο σώμα της δύναμης και της αγάπης.
Ο τέταρτος κύκλος ή Ηλιακό σώμα ή πνευματικό σώμα, είναι το "AUR" που σημαίνει Αγάπη, Δύναμη, Σοφία και Φως.

199.
Οι τελετουργίες, το λιβάνι και οι συγκεντρωμένες αναπνοές απομακρύνουν από την νοητική μεμβράνη όλες τις ασθενείς καταστάσεις γιατί έλκουν ορισμένα άτομα που εξαγνίζουν την ατμόσφαιρα. Η αλλοίωση της νοητικής μεμβράνης διαμορφώνει αρνητικά την αύρα και συνεπώς και το Φυσικό σώμα. Έτσι εκδηλώνονται οι ασθένειες που αρχίζουν από την ατμόσφαιρα. Εάν ο νους είναι διεφθαρμένος, το σώμα δεν μπορεί να είναι υγιές. Στα παιδιά μας μεταβιβάζουμε όλα όσα φέρνουμε από τις προηγούμενες ζωές μας. Αυτό γίνεται με μεροληπτικό τρόπο.

200.
Ο εσωτερικός εχθρός διαφθείρει την νοητική μεμβράνη με τα καταστρεπτικά άτομα που διαθέτει. Ωστόσο με την επιδίωξη, την σωστή εισπνοή και τις θετικές σκέψεις μπορούμε εύκολα να μετατρέψουμε αυτά τα καταστροφικά άτομα σε δομητές που θα απορροφηθούν από την νοητική δράση. Τα νοητικά κύματα δέχονται πάντα ένα είδος βομβαρδισμού και μόνο η αγνή και εξυψωμένη επιδίωξη καταφέρνει να δημιουργήσει μια γερή άμυνα εναντίον αυτών των βομβαρδισμών που προκαλούν βαριές νοητικές διαταραχές. Οι πόλεμοι, το μίσος και η ματαιοδοξία, μαζί με τον φόβο, την ανασφάλεια και το

άγχος καταστρέφουν την νοητική υγεία των ανθρώπων.

201.
Όταν εισχωρούμε συνειδητά στον εσωτερικό κόσμο και μπορούμε να απομακρυνθούμε από τον εξωτερικό, η αύρα μας ενεργοποιείται και απομακρύνει από πάνω μας όλες τις νοητικές ακαθαρσίες που είναι στοιβαγμένες και τότε αρχίζουμε να αντιλαμβανόμαστε την Σοφία (γνώση) που καταγράφεται από τον φυσικό εγκέφαλο ο οποίος ανταποκρίνεται ώστε να εκδηλωθούν τα νοητικά κύματα.

202.
Πρέπει να προσέξουμε να μην κάνουμε κατάχρηση των ανανεωτικών ασκήσεων διότι η κούραση διασπά την αύρα του σώματος και μέσα από τις ρωγμές εισχωρούν τα καταστρεπτικά άτομα του σώματος. Πρέπει να εκπνέουμε όλο τον αέρα από τους πνεύμονές μας ώστε να απελευθερωνόμαστε από το διοξείδιο του άνθρακα που είναι θανατηφόρο αέριο. Κατά την εισπνοή καταβάλουμε τρεις φορές περισσότερη ενέργεια από ό,τι στην εκπνοή. Μόνο με την ανάπτυξη των αναπνευστικών μυών θα μπορέσουμε να εξαγνίσουμε την αύρα μας και το σώμα μας.

203.
Όταν η αναπνοή συνοδεύεται από την επιδίωξη ανώτερων σκοπών και από σκέψεις θετικές και εξυψωμένες που έλκουν και απορροφούν ηλιακά άτομα, αυτά εξαγνίζουν το δηλητηριώδες αέριο, αιτία του γήρατος και του μαρασμού. Το άτομο - Νους είναι υπεύθυνο για τον χειρισμό των αποτελεσμάτων της αναπνοής με επιδίωξη και συγκέντρωση.

204
Όταν ο μαθητής μπορέσει να εισχωρήσει στο συμπαθητικό σύστημά του και να είναι σε θέση να απομακρυνθεί από το φυσικό του σώμα, μαθαίνει συνειδητά διάφορους τρόπους πώς να ενεργεί στα διάφορα πεδία του κόσμου των επιθυμιών. Ο αντικειμενικός σκοπός αυτής της ικανότητας είναι να μετατραπεί ο ζηλωτής σε υπηρέτη της ανθρωπότητας. Σ' αυτή την κατάσταση μπορεί να κυριαρχήσει ή να εκμηδενίσει την ζημιογόνο δράση ορισμένων νοών που κατευθύνονται εναντίον των αθώων. Τότε ο Πρίγκιπας του Κακού ή εσωτερικός εχθρός τον στέλνει να συναντήσει τον Τρόμο του Κατωφλίου ο οποίος είναι σύνθεση του κακού του κόσμου, και αυτή η συνάντηση προκαλεί μια τρομακτική κατάπτωση στον μαθητή. Ο μυστικός εχθρός θα επιχειρήσει επίσης να τον πείσει ότι ο αγώνας εναντίον του Κακού είναι μάταιος και άχρηστος, όμως το ανώτερο ΕΓΩ που παρακολουθεί πάντα την αγνότητα του ζηλωτή θα είναι πάντα έτοιμο για να παράσχει βοήθεια στις δύσκολες αυτές στιγμές.

205.
Ο Μέγας Διδάσκαλος στο διάστημα αυτό καθοδηγεί τον Μαθητή μαθαίνοντας τον πώς να προετοιμάζει τους ανθρώπους για έναν ήρεμο θάνατο απαλλαγμένο από φόβο ή λύπη. Άλλες φορές φέρνει τον μαθητή να παρακολουθήσει κάποιες συγκεντρώσεις ή τελετουργίες στο όνομα του μυστικού εχθρού οι οποίες έχουν ως αντικειμενικό σκοπό την καταστροφή, την ασθένεια, τους πολέμους, τον θάνατο. Επίσης ο Μαθητής μπορεί να παρακολουθήσει αλλού τελετουργίες που έχουν σκοπό να εκμηδενίσουν τις κακοήθεις πράξεις των Μαύρων Μάγων.

Έτσι ο Μαθητής μετατρέπεται σιγά-σιγά σε λευκό Μάγο και μαθαίνει πώς μπορεί να ακολουθεί με ταχύτητα το κύμα της σκέψης ώστε να ακυρώνει τις κακές επιδράσεις και να βοηθά τους καλούς.

ΚΕΦΑΛΑΙΟ 6ο
ΣΤΟΝ ΕΣΩΤΕΡΙΚΟ ΚΟΣΜΟ

206.
Έχουμε ξαναπεί ότι το Αστρικό Σώμα δεν μπορεί να απομακρυνθεί πολύ από το Φυσικό γιατί αντίθετα μπορεί να συμβεί η ολοκληρωτική αποκόλληση με συνέπεια τον θάνατο. Όταν το Αστρικό Σώμα απομακρύνεται από το Φυσικό, τότε μπορεί μέσω ενός άλλου σώματος να δει, να ακούσει και να αισθανθεί ό,τι δεν μπορούσε να συλλάβει με τις κοινές αισθήσεις του αστροφυσικού σώματος λευκός Μάγος γνωρίζει ότι δεν ταξίδεψε πουθενά παρ' όλο που θα μπορούσε να το έχει κάνει. Γνωρίζει επίσης ότι το αντικείμενο που βλέπει δεν ήρθε σ' αυτόν όπως επίσης γνωρίζει ότι στον νοητικό κόσμο δεν υπάρχουν διαστάσεις. Ωστόσο σε ορισμένες περιπτώσεις ο λευκός Μάγος για λόγους αμεσότητας μπορεί να επενδύσει το Νοητικό σώμα του με αστρικά και πυκνά άτομα ώστε να υλοποιηθεί ή να προβληθεί. Ο σκοπός αυτής της εξελιγμένης ικανότητας είναι να αποκτήσει γνώση για να υπηρετήσει την ανθρωπότητα. Τέτοια εξέλιξη όμως είναι πολύ δύσκολη όχι στην εκτέλεσή της που είναι απλή, αλλά στον προορισμό και τον σκοπό γιατί όταν ο άνθρωπος φτάνει στον εσωτερικό κόσμο τον βρίσκει τόσο ενδιαφέρον που του είναι δύσκολο στην συνέχεια να φέρει σε πέρας αυτή την εμπειρία. Ο άνθρωπος σ' αυτό τον κόσμο συμπεριφέρεται σαν ένα παιδί που μπορεί να

ξεχαστεί στον δρόμο από ένα παιχνίδι. Ο μύθος του Aladdin με το μαγικό λυχνάρι συμβολίζει την αποκάλυψη του Νοητικού κόσμου. Ο λευκός μάγος λέει: "Δεν πρέπει να αργήσεις ούτε να αγγίξεις τίποτα, πρέπει να συνεχίσεις μέχρι να βρεις την μαγική λυχνία, την πραγματική Σοφία να την πάρεις και να την φέρεις σε εμένα."Αυτή η φράση περιέχει μια αλληγορική αλήθεια γιατί ο λευκός Μάγος ανακαλύπτει ότι το αστροφυσικό σώμα προσπαθεί να καταγράψει την ανάμνηση εκείνου που προσπαθούμε να θυμηθούμε στα ταξίδια μας. Μόνο το εσώτερο Φως μπορεί να συνοδεύσει τον αγνό Νου για να μετατραπεί σε αποκαλυπτική Υπερσυνείδηση των Μυστικών Νόμων της Φύσης, αυτούς που είναι γραμμένοι στο συμπαθητικό Σύστημα.

207.
Υπάρχουν ορισμένοι άνθρωποι που άλλοι ονομάζουν Μάγους και άλλοι Διδασκάλους, οι οποίοι έχουν μια προσωπική δύναμη ικανή να εξαγνίσει τόσο τον χώρο όσο και τους ανθρώπους που βρίσκονται γύρω τους. Αυτή η αύρα αφυπνίζει πολλές από τις λανθάνουσες δυνάμεις, και περισσότερο την αύρα αυτών που εργάζονται για το καλό της ανθρωπότητας. Τέτοιοι άνθρωποι ήταν και συνεχίζουν να είναι οι σωτήρες του Κόσμου, ζουν γύρω μας, τρώνε ή ταξιδεύουμε μαζί τους, τους αποκαλούμε με το όνομά τους αλλά σπανιότατα τους αναγνωρίζουμε. Ασφαλώς δεν είναι πολλοί αλλά είναι περισσότεροι απ' όσους νομίζουμε και βέβαια περισσότεροι απ' αυτούς που αναφέρονται στις μεταφυσικές και μυστικιστικές τελετές και βιβλία.

208.
Όπως γίνονται εκλογές για την ανάδειξη βουλευτών, έ-

τσι και στην Λευκή Αδελφότητα υπάρχουν Βουλευτές από όλα τα έθνη οι οποίοι ζουν σε φυσικά σώματα, και στον νοητικό κόσμο όταν υπάρξει ανάγκη μπορούν και συνέρχονται σε έναν υψηλότατο βαθμό συνείδησης. Τέτοιοι άνθρωποι ζουν στον κόσμο μας αλλά δεν αποκαλύπτονται στους ανθρώπους για να μην σταυρωθούν από αυτούς που προσπαθούν να βοηθήσουν. Διευκρινίζουμε ότι τέτοιοι άνθρωποι δεν είναι συμπαθείς σε όλους.

209.
Πολλοί άνθρωποι θεοποιούν τους Διδασκάλους χωρίς να τους γνωρίζουν καν. Όλοι πιστεύουν ότι οι Μάγοι είναι βρώμικοι, σοβαροί και κακοί. Θυμάμαι ότι ένας Διδάσκαλος διέκοπτε την διδασκαλία του για να παρεμβάλει ανέκδοτα και αστεία, εξηγώντας ότι η Σοφία είναι χαρά. Έτρωγε και έπινε μαζί μας και πολλές φορές μας έλεγε: "Προσέξτε, η ατραπός δεν είναι τόσο δύσκολη. Με λίγη προσπάθεια και καλή θέληση μπορείτε να ανοίξετε την πόρτα και να εισέλθετε στον εσωτερικό κόσμο. Η αγάπη και η επιδίωξη κάνουν το φως να λάμψει ανάμεσα στα μάτια του ζηλωτή. Αυτό το φως έλκει την προσοχή του Διδασκάλου, επειδή πρέπει να ξέρετε ότι οι Διδάσκαλοι χρειάζονται περισσότερο τους μαθητές απ' ό,τι οι μαθητές αυτούς." Και προσθέτει γελώντας: "Αυτοί χρειάζονται εργάτες για το έργο τους. Αυτοί είναι οι 'πρωτομάστορες' αλλά χρειάζονται τους εργάτες για να το πραγματοποιήσουν το έργο τους. Γι' αυτό λέγεται ότι όταν ο Μαθητής είναι έτοιμος τότε εμφανίζεται ο Διδάσκαλος. Να πορεύεστε και να απολαμβάνετε την ζωή με τρόπο υγιή και ευγενικό διατηρώντας πάντα την επιδίωξη της αποστολής που ο καθένας θα κληθεί να αναλάβει την κατάλληλη στιγμή και στον κατάλληλο χώρο που θα είναι προσαρμοσμένα στις ικανότητες του. " Πολ-

λοί διαμαρτύρονται" συνέχισε, λέγοντας ότι δεν διαθέτουν ικανότητες και δυνάμεις για να υπηρετήσουν την ανθρωπότητα. Αυτό με κάνει να θυμηθώ κάτι που είπε μια κυρία στον Β' Παγκόσμιο Πόλεμο. "Γιατί οι Διδάσκαλοι δεν επεμβαίνουν για να μου δώσουν δύναμη να ταξιδεύω στο Αστρικό πεδίο για να πάω να πνίξω όλους τους δικτάτορες και τους πολεμόχαρους του Κόσμου;" Τέτοιοι άνθρωποι δεν μπορούν να υπηρετήσουν όχι μόνο την Ανθρωπότητα αλλά και κανέναν. Αυτοί έχουν τα ενδιαφέροντά τους και τους σκοπούς τους. Νομίζουν όμως ότι μπορούν να προσφέρουν υπηρεσία στην Ανθρωπότητα. Τι καλύτερη υπηρεσία μπορεί να προσφέρει ένας αρτοποιός από το να φτιάξει ένα ωραίο και αφράτο ψωμί;

210.
Καμιά φορά ακούμε κάποιον να λέει: "Αρκεί να μιλήσω για λίγα λεπτά με τον τάδε και η στενοχώρια μου φεύγει. Λες και μπαίνουν μέσα μου καινούργιες ελπίδες. Υπάρχει όμως και μια μέθοδος που μας ενώνει νοητικά με τον Διδάσκαλο, ο οποίος δεν σιωπά μπρος στην θέληση και την επιθυμία του σοβαρού και του αγνού αναζητητή. Όταν ο Διδάσκαλος δει την αγνή επιθυμία του μαθητή, εκπέμπει νέες δονήσεις πιο εξελιγμένης συνειδητότητας. Έτσι μπορεί να δεχτεί και να αφομοιώσει οδηγίες από τον ίδιο τον εσωτερικό διδάσκαλο που κατέχει τις γνώσεις όλων των αιώνων.

211.
Μέσα στο ανθρώπινο σώμα υπάρχουν πολλοί καθοδηγητές που διαφέρουν ανάλογα με την φυσική και νοητική πυκνότητα του ανθρώπου. Τέτοιοι εσωτερικοί καθοδηγητές είναι αυτοί που φρουρούν τα σώματά μας, τις επι-

θυμίες και τις επιδιώξεις μας. Όταν ο ζηλωτής δεν καταφέρνει να ακούσει την εσωτερική φωνή ούτε να αντιληφθεί τις δονήσεις της, ούτε του καθοδηγητή, αυτός επεμβαίνει όπου είναι η έλλειψη και που είναι επιφορτισμένος με τον τομέα αυτόν. Ο Κόσμος είναι χωρισμένος σε τομείς και υποτομείς και υπάρχει ένας Διδάσκαλος σε κάθε τομέα. Οι καθοδηγητές θα μας βοηθήσουν να εξελιχθούμε και να προχωρήσουμε, εάν το επιθυμούμε σοβαρά και με αγνή πρόθεση, στην ένωση με το ΕΓΩ.

212.
Πρέπει να προσέχουμε πολύ εκείνους που αυτοαποκαλούνται "Διδάσκαλοι". Για τους αληθινούς Διδασκάλους, ο τίτλος δεν τους είναι πολύ ευχάριστος. Δεν δέχονται εύκολα μαθητές παρ' όλο που βοηθούν τον Μαθητή να βρει τον εαυτό του υποδεικνύοντας του ορισμένες εργασίες που υψώνουν τις γνώσεις και ζωογονούν τον Νου. Η αλήθεια είναι ότι ένας μαθητής πεπεισμένος για την ευφυΐα του αποτελεί βαρύ φορτίο που ούτε ένας Διδάσκαλος μπορεί να αντέξει. Εκτός αυτού κάθε Διδάσκαλος είναι υπεύθυνος για τις πράξεις των μαθητών του όταν αυτοί αρχίζουν να εργάζονται μόνοι τους, κόβοντας κάθε επαφή με τους Διδασκάλους τους. Αυτή είναι η πιο δύσκολη περίοδος στην ζωή του Μαθητή γιατί βρίσκεται απροστάτευτος από τους Διδασκάλους και υποχρεώνεται να προχωρήσει μόνος του στην ατραπό.
Οι Διδάσκαλοι έχουν συγκεκριμένες δραστηριότητες. Δεν διδάσκουν τίποτα. Περιορίζονται στο να αφυπνίσουν την γνώση στον Μαθητή, φέρνοντας τον σε επαφή με την εσωτερική πραγματικότητα, παρέχοντας του τον αληθινό διδάσκαλο, για την επιδιωκόμενη εσωτερική επιστήμη. Φτάνοντας σ' αυτή την κατάσταση που είναι ο εσώτερος εαυτός, ο Μαθητής μετατρέπεται σε λευκό

Μάγο που ελέγχει τις καταστρεπτικές δυνάμεις και τους κακοήθεις νόες, δηλαδή στον μαχητή του κακού. Κάθε αληθινός ζηλωτής και κάθε αληθινός λευκός Μάγος πρέπει να ζει μια ζωή προσφοράς και να ξέρει ότι το αποτέλεσμα θα είναι ένας θάνατος που θα μοιάζει με σταύρωση στην έρημο ο φθόνος, η φτώχεια και η πίκρα της απόρριψης ή της έλλειψης αντίληψης από τους άλλους. Ωστόσο όλοι αφήνουν πίσω τους Μυστικές Σχολές διαφόρων βαθμών οι οποίες αργά ή γρήγορα θα εμφανιστούν όταν έλθει ο κατάλληλος χρόνος. Πολλές φορές αυτές οι Σχολές βοηθούν με εμπνευσμένα μηνύματα.

214.
Αυτά τα άγια όντα είναι εισαγωγείς και διατηρητές των Επιστημών και των Τεχνών, και ονομάζονται Διδάσκαλοι, γιατί διδάσκουν την Σοφία των αιώνων που πηγάζει από τον Εσωτερικό Κόσμο και εμπνέουν στους ερευνητές τις ανακαλύψεις και δίνουν στους καλλιτέχνες την έμπνευση. Γενικά ενδιαφέρονται για το καλό και το μέλλον των ανθρώπων ή του έθνους όπου εκδηλώνεται η δράση τους.

215.
Κάθε έθνος πρέπει να έχει μερικούς Διδασκάλους και αρκετούς Μαθητές και ζηλωτές για να μπορούν να φωτίζουν την σκέψη των κυβερνητών για ειρήνη και ευημερία του έθνους. Όμως δεν προσπαθούν να επιβάλουν την σκέψη κανενός. Ζώντας στην αλήθεια εμπνέουν την επιρροή τους σε χιλιάδες ανθρώπους, σεβόμενοι όμως την ελεύθερη βούληση. Προσπαθούν να εστιάσουν τον νου των ανθρώπων σε κάποιο γεγονός ή σκοπό μέσω κάποιας δημοσίευσης ή καλλιτεχνικής ή άλλης φύσεως, π.χ. ένα βιβλίο, ένα άθλημα, ένα πίνακα, ένα ποίημα ή ένα

θεατρικό έργο, ένα ρεσιτάλ μουσικής, κλπ. Έτσι μαζί με την χρησιμότητα της γνώσης, απομακρύνεται η επίδραση του κακού.

216.
Κάθε άνθρωπος που έχει επιστημονικές λογοτεχνικές ή καλλιτεχνικές τάσεις καθοδηγείται από τον πνευματικό του Διδάσκαλο που είναι η πηγή της έμπνευσής του. Πολλές φορές ο Μαθητής δεν γνωρίζει ότι κατευθύνεται προς την επίτευξη του σκοπού του και πιστεύει ότι ο ίδιος είναι ο κύριος εμπνευστής. Ο καθοδηγητής φέρνει τους μαθητές του σε επαφή με τον αόρατο κόσμο και την δημιουργική του δράση χωρίς οι ίδιοι να γνωρίζουν πως οι δυσκολίες ξεπερνιόνται σχετικά εύκολα.

217.
Η παρουσία ενός Σοφού λευκού Μάγου είναι όπως μία ακτίνα φωτός που διαλύει το σκοτάδι της νύχτας.

218.
Κατά την διάρκεια του ύπνου πολλοί Μαθητές επικοινωνούν ασυνείδητα με Διδασκάλους που ζουν σε μακρινές αποστάσεις ή σε άλλα έθνη, και όταν ξυπνούν αισθάνονται ευτυχείς με καθαρό Νου ικανοί να δώσουν λύσεις στις δυσκολίες των προσπαθειών τους.

219.
Όλα τα ιερά βιβλία αναφέρονται σε επτά σκαλοπάτια, επτά σφραγίδες ή επτά βαθμούς της κλίμακας, οι οποίοι είναι οι εξής:
α. Κεντρικό νευρικό σύστημα.
β. Συμπαθητικό σύστημα.
γ. Ανάληψη του εσωτερικού Διδασκάλου από το σπερ-

ματικό σύστημα.
μέχρι το θρόνο της νοητικής αύρας.
δ. Διείσδυση στην συνείδηση της Φύσης.
ε. Η κατοικία των Ανώτερων Κέντρων.
στ. Γραφή του ονόματος ή εμφάνιση του λαμπερού φωτός ανάμεσα στα τσίνορα.
ζ. Συνειδητή ένωση.

220.
Συνηθίζεται να αναφέρεται στα βιβλία της Ερμητικής Φιλοσοφίας ότι όταν ο Διδάσκαλος αποκαλύψει στον Μαθητή τον μυστικό λόγο, πεθαίνει. Μέχρι σήμερα δεν έχει εξηγηθεί αυτή η διδασκαλία. Ο Διδάσκαλος που ανήλθε τα επτά προαναφερθέντα πεδία, ακτινοβολεί στους Μαθητές που βρίσκονται σε μεγαλύτερο συντονισμό μαζί του.
΄Οταν ένας καθοδηγητής πρέπει να εγκαταλείψει οριστικά το σώμα του, η αύρα του μένει με το Μαθητή του και αρχίζει να του δίνει δονητικό παλμό που τον εισάγει σε μεγαλύτερη δράση. ΄Ετσι ο Διδάσκαλος παραχωρεί στον πιο αγαπητό του Μαθητή, τα άτομα αγάπης που συνέθεταν την νοητική του αύρα και τα οποία ακτινοβολούν και γεμίζουν την αύρα του Μαθητή. Αυτή η δραστηριότητα είναι πολύ επώδυνη και εκμηδενίζει τον διδάσκαλο παρ' όλο που γεμίζει τον μαθητή με απόλαυση. Ο μαθητής δεν το αντιλαμβάνεται αμέσως λόγω του δυσβάστακτου φορτίου που τράβηξε ο Διδάσκαλος, φορτίο που με την σειρά του πρέπει να φέρει μόνος του εις πέρας, όταν ο Διδάσκαλος του παρέδωσε την πνοή καθώς επίσης και αυτό που οι Αρχαίοι ονόμαζαν "ο Λόγος".

221.
Ο λευκός Μάγος είναι το ον που μέσω της επίμονης επι-

δίωξης θα μπορέσει να ανεβάσει το άτομο - διδάσκαλο από το δημιουργικό σπερματικό σύστημα μέχρι την Νοητική αύρα. Κατά την διάρκεια της ανόδου και περνώντας από τα διάφορα μαγνητικά κέντρα, μαθαίνει να συλλαβίζει τα γράμματα και τους ήχους που ανήκουν σε κάθε Κέντρο. Από την ένωση αυτήν των γραμμάτων με τους αντίστοιχους ήχους, σχηματίζεται "Ο Λόγος που ήταν στην Αρχή, και ο Λόγος ήταν με τον Θεό και ο Λόγος ήταν ο Θεός." Αφού λοιπόν ο Διδάσκαλος απονέμει στον πιο αγαπητό Μαθητή του τα άτομα αγάπης από την δική του αύρα με την τελευταία πνοή του, το Λόγο πνοή, τότε ο Λόγος γίνεται σάρκα και κατοικεί μεταξύ μας.

222.
Η αδαής και ψυχρή ανθρωπότητα ζητά από τους λευκούς Μάγους και Διδασκάλους αυτό που απαιτεί η ανάγκη της. Όμως κανείς δεν σκέπτεται να βοηθήσει τον Διδάσκαλο ή τον λευκό Μάγο στην εκδήλωση της αγάπης του. Όλοι ζητούν κάτι χωρίς ποτέ να νιώσουν ότι και αυτός είναι άνθρωπος και κάθε φορά που ανακουφίζει κάποιον από ένα φορτίο, το φορτώνεται ο ίδιος.

ΚΕΦΑΛΑΙΟ 7ο
Ο ΑΟΡΑΤΟΣ ΚΟΣΜΟΣ

223.
Είναι καιρός να ασχοληθούμε με τους αόρατους και λεπτεπίλεπτους κόσμους γιατί θα πρέπει να τους εξερευνήσουμε στην ζωή μας πριν αφήσουμε οριστικά το φυσικό μας σώμα. Πριν ανέλθουμε στον Ουρανό, όπως διδάσκουν οι θρησκείες, είναι υποχρεωτικό να κατεβούμε πρώτα στην Κόλαση που υπάρχει κάτω από τον ομφαλό. Πρέπει να μελετήσουμε την πυκνότητα και τα άτομα και να φτάσουμε μέχρι την μεγαλύτερη άβυσσο του κακού. Σ' αυτή την δική μας κόλαση, κατοικία του μυστικού εχθρού, βρίσκονται καταγραμμένες όλες μας οι πράξεις από την εποχή της λατρείας του κακού, όπου θυσιάζονται τα πάντα χωρίς οίκτο και αίσθηση συγνώμης. Εκεί θα υποφέραμε φρικτά εάν δεν είχαμε την προστατευτική ευφυΐα - ασπίδα του ατόμου - Νου. Αυτή είναι η δοκιμασία, η ταφή της κατώτερης φύσης, και εάν δεν είχαμε την προστασία του ατόμου - Νου δεν θα την άντεχε κανείς.

224.
Σ' αυτές τις σφαίρες ο μυημένος επισκέπτης περιβάλλεται και ταυτοχρόνως βάλλεται από μια ατμόσφαιρα γεμάτη ασέλγεια και έντονα πάθη. Ωστόσο θα υπάρχει πάντα ένας μεγάλος λευκός Μάγος - φρουρός και στο τέλος της δοκιμασίας οδηγεί τον μυημένο επισκέπτη

στην κλίμακα δια της οποίας θα ανέλθει στους ανώτερους Κόσμους. Οι Μαύροι Μάγοι και οι εγωιστές που κατοικούν σ' αυτές τις σφαίρες είναι πολύ ισχυροί. Μεταχειρίζονται την γυναίκα για να κυριεύσουν το Φυσικό Κόσμο και όταν καταφέρουν τους σκοπούς τους μετά την εξαφανίζουν. Είναι αυτοί που παρέχουν πλούτη και σεξουαλικές απολαύσεις στους οπαδούς και τους ακολούθους τους και πάντα δημιουργούν ένα είδος σεξουαλικής λατρείας όπως στην εποχή της Ατλαντίδος.
Το βαρύ τίμημα των Ατλάντων.

225.
Πολλοί μαθητές όταν φτάνουν σε κάποιον βαθμό ανάπτυξης αποκαρδιώνονται και απογοητεύονται γιατί νομίζουν ότι καθυστέρησαν στην εξέλιξή τους. Οι αδύναμοι στην περίπτωση αυτή παραδίδονται σ' αυτά τα άτομα - Μάγους και δέχονται από αυτά μια έντονη νοητική ανάπτυξη ενώ αυξάνονται τα πλούτη τους.

226.
Όλοι οι άνθρωποι μπορούν να επικοινωνούν με τον αόρατο κόσμο μέσω των δικών τους ατόμων. Εφόσον όμως ο άνθρωπος κυριαρχείται από τα βαριά άτομα πυκνής ύλης που προέρχονται από τον κατώτερο κόσμο του σώματός του, οι επικοινωνίες του θα είναι μόνο με κατώτερα πνεύματα που έχουν αστραφτερή διάνοια αλλά τον κάνουν επιρρεπή στην διαμεσότητα και πολλές φορές στην σαδιστική κυριαρχία τους, γιατί έχουν λάμψη μόνο στην διάνοια αλλά όχι στην Σοφία. Τέτοιοι άνθρωποι γίνονται ψευδορήτορες, πιστεύουν πολύ στον εαυτό τους, μιλάνε πάντα με μεγάλη ευκολία είτε σε κατάσταση εγρήγορσης είτε σε έκσταση και σπάνιες φορές δέχονται συμβουλές.

227.
Ο λευκός Μάγος και ο Μαθητής μπορούν να κατέβουν συνειδητά στον κατώτερο κόσμο, γνωρίζοντας τι κάνουν. Έτσι όπως μπορεί να κάνει ένας Βασιλιάς που επισκέπτεται μια υπόγεια φυλακή ή ένα κάτεργο. Ο Διδάσκαλος επικοινωνεί με τους ανώτερους κόσμους μέσω των ατόμων που συνθέτουν την νοητική του αύρα. Σ' αυτούς τους κόσμους δεν υπάρχουν ποτέ διαφωνίες και διαμάχες όπως συμβαίνει στις κατώτερες σφαίρες. Οι πνευματικές αλήθειες δεν έχουν ανάγκη ούτε από Θεολογίες ούτε από δόγματα. Στον κατώτερο κόσμο όπου υπάρχουν αντιγνωμίες, οι οπαδοί ορισμένων αληθειών θυσιάζουν πολλές φορές όσους δεν αποδέχονται την πίστη τους. Ο Διδάσκαλος ποτέ δεν διαφωνεί ούτε κρίνει. Μιλάει μόνο όταν του ζητηθούν οδηγίες, και όταν τον ανακρίνουν για να τον εξετάσουν αυτός χαμογελάει και δεν διαμαρτύρεται ή απαντάει με αοριστίες και υπεκφυγές.

228.
Εφ' όσον ο άνθρωπος μετράει τις διαφορές που υπάρχουν μεταξύ του καλού και κακού, κρίνει την αξία της τιμωρίας ή της ανταμοιβής (Νόμος της ανταπόδοσης). Όμως βρίσκεται μέσα στο φυσικό σώμα και όχι στην ατμόσφαιρα που βρίσκεται πέρα από το καλό και το κακό. Αυτή η κοσμική ατμόσφαιρα μας καταλαμβάνει, εισχωρεί μέσα μας και μας πλημμυρίζει με μια αγάπη γεμάτη απόλαυση και χαρά, που μας κάνει να ξεχνάμε τους εαυτούς μας και αισθανόμαστε ευτυχείς. Είναι το στάδιο της "Nirvana" των "Yogi" ή η Έκσταση των θρησκειών. Πολλοί διδάσκουν ότι η "Nirvana" είναι απώλεια της ατομικότητας μέσα στην Θεότητα. Αυτό είναι πολύ μεγάλο λάθος για διαφορετικούς λόγους. Η "Nirvana" είναι σαν να απολαμβάνουμε κάτι ξεχωριστό χωρίς την ανά-

μειξη της προσωπικότητάς μας. Για να το αντιληφθούμε αυτό θα πάρουμε ορισμένα πρόχειρα παραδείγματα από την καθημερινή μας ζωή. Αισθανόμαστε ευχαρίστηση όταν παρακολουθούμε ένα χαρούμενο έργο χωρίς να δίνουμε σημασία στην δική μας προσωπικότητα κατά την διάρκεια της παράστασης. Όταν θαυμάζουμε την ομορφιά της αγαπημένης μας γυναίκας ξεχνάμε την προσωπικότητά μας και μεταφερόμαστε στον κόσμο της ευτυχίας. Με τα χονδροειδή και υλικά αυτά παραδείγματα μπορούμε κάπως να καταλάβουμε τι θα πει "Nirvana".[μακαριότητα].

229.
Σ' αυτούς τους κόσμους μπορεί να διαβαστεί το παρελθόν και να εμφανιστεί το μέλλον. Επίσης μπορούμε να δούμε τους εαυτούς μας την εποχή που είχαμε δασύ τρίχωμα και βγάζαμε κραυγές και ήχους όπως τα μικρά παιδιά, καθώς επίσης και την σταδιακή μας εξέλιξη. Σ' αυτούς του αόρατους κόσμους συναντιόμαστε με στοιχειακά όντα που μας περιβάλλουν και ζητούν από εμάς Γνώση και Σοφία για την δική τους ανάπτυξη. Πρέπει επίσης να βοηθήσουμε πολλές από εκείνες τις οντότητες που χειρίστηκαν την ελεύθερη βούλησή τους και τις δυνάμεις τους λάθος. Πολλοί άνθρωποι κατά την διάρκεια του ύπνου τους βοηθούν ασυνείδητα μερικούς που βρίσκονται σε απελπισία και αγωνία.

230
Καταλαβαίνουμε λοιπόν ότι η Κόλαση είναι μια κατάσταση δημιουργημένη από εμάς τους ίδιους και μόνο όταν εξολοθρεύσουμε το θηρίο - κτήνος ή την κατώτερη φύση θα μπορέσουμε να δούμε το άφατο Φως. Καταλαβαίνουμε ακόμη ότι αυτό το ίδιο θηρίο - κτήνος, έχο-

ντας τις κακοήθεις δυνάμεις του μέσα μας μπορεί να μας κυριεύσει εκμεταλλευόμενο κάποιο μυστικό μας πάθος ή ελάττωμα.

231.
Το κακό του αόρατου κόσμου παρατηρούμενο από τον εσωτερικό κόσμο δημιουργεί μια κατάσταση συμπίεσης που προκαλεί ανορεξία και κόπωση γιατί οι δαιμονικές διάνοιες διαθέτουν μεγάλη δύναμη και μπορούν άνετα να κυριεύσουν τους άλλους. Όμως ο σωτήριος Νόμος ενεργεί έτσι ώστε αυτές οι διάνοιες να χωρίζονται σε δύο αντίθετα στρατόπεδα και να μάχονται το ένα το άλλο μέχρι θανάτου, όπως ακριβώς συμβαίνει και στον ορατό κόσμο. Οι αντίπαλοι αρχηγοί τους επηρεάζονται από τέτοιες οντότητες, καθώς το κακό τους χωρίζει, συγκρούονται και αλληλοεξοντώνονται. Οι πόλεμοι, όπως όλα τα πράγματα αρχίζουν πρώτα στον εσωτερικό κόσμο και μετά εκδηλώνονται στον εξωτερικό κόσμο.

232.
Επίσης σ' αυτά τα πεδία ετοιμάζονται και ανακαλύπτονται τα όπλα μαζικής εξόντωσης και μετά εντυπώνονται στον νου των εφευρετών στο ανώτερο πεδίο. Ακριβώς το ίδιο με την ίδια μέθοδο του Καλού για να χτυπηθεί το κακό, ανακαλύπτεται κάτι που εκμηδενίζει την δράση των εφευρετών. Αυτοί που προκαλούν εχθρότητα μεταξύ των εθνών είναι οι αγγελιοφόροι της Αρχής του Κακού και υπό την επήρεια τους οι κυβερνώντες γίνονται όργανά τους.

233.
Ο αναγνώστης αντιλαμβάνεται τώρα γιατί οι Διδάσκαλοι επιδιώκουν να έχουν μαθητές και ζηλωτές. Πρέπει

να εναρμονιστούν με την νέα ενέργεια που κατέρχεται και στρέφεται εναντίον του κόσμου που αντιτίθεται. Κράτη, έθνη και άνθρωποι θα καταστραφούν από την ίδια την Φύση ώστε να ετοιμαστούν άλλες ικανότερες γενιές, που θα μετρούν τον βαθμό του πλούτου με την ηθική πραγματικότητα.

234.
Οι ασυμφωνίες και οι πόλεμοι στα χρηματιστήρια, στην βιομηχανία και στο εμπόριο, προκαλούνται από διάνοιες του εσώτερου κόσμου που είναι έντονα συμφεροντολόγες. Η Μεγάλη Διάνοια είναι μια αστείρευτη πηγή στην διάθεση των όντων. Μόνο η διάνοια την μεταχειρίζεται σύμφωνα με τις επιθυμίες και τις κλίσεις της. Είναι όμως αναγκαίο να εξολοθρεύσουμε την κακοήθη νοοτροπία για να καθαρίσουμε τα κατώτερα κέντρα του φυσικού μας κόσμου.

235.
Η καλύτερη μέθοδος για να πραγματοποιήσουμε αυτόν τον εξαγνισμό είναι να επιθυμούμε θερμά την γνώση και να αναπνέουμε ηλιακά άτομα. Πρέπει όμως να έχουμε και καρτερία, υπομονή, επιμονή και αντοχή διότι κατά κάποιον τρόπο ο εχθρός ή αντίθετος στρατός, αφυπνίζεται και θα επιδιώξει με όλα τα μέσα να εκμηδενίσει αυτούς που δεν θα καταφέρνουν ν' αντέξουν σ' αυτό τον αγώνα. Η μέθοδος αυτή Είναι η ανιδιοτελής και αφανής προσφορά προς τους συνανθρώπους μας.

236.
Σ' αυτή την Κόλαση όλα αποκαλύπτονται. Κανείς δεν μπορεί να κρύψει τις κακές συνήθειες και ελαττώματα γιατί όλα είναι πλέον ορατά και τα βλέπουν όλοι. Ο δο-

λοφόνος κάνει αναπαράσταση του εγκλήματ'ος του και παρά το γεγονός ότι θέλει να το αποκρύψει δεν μπορεί, γιατί ενώ το έγκλημα του βρίσκεται στην φαντασία του το βλέπει όλος ο κόσμος, εφ' όσον για τους κατοίκους αυτού του κόσμου το γεγονός αυτό είναι πραγματικότητα. Οι φανατικοί ιερείς της Γης εξακολουθούν να προκαλούν έριδες μεταξύ των πιστών των διαφορετικών θρησκειών και οι κάτοικοι του εν λόγω κόσμου αναζητούν κατάλληλα διάμεσα για να ταράξουν τα αστρικά ρευστά των σωμάτων τους.

Ο Μαθητής δεν μπορεί να εισέλθει μόνος του για πρώτη φορά σ' αυτά τα πεδία, αλλά μόνο με την βοήθεια του Διδασκάλου του, ο οποίος μέσω φωνηέντων και ήχων ανοίγει την πόρτα για να μπορέσει να συζητήσει με τις οντότητες αυτού του κόσμου δια της τηλεπάθειας. Καμία οντότητα δεν μπορεί να καταλάβει κανέναν εάν δεν την έλξει με την σκέψη ή ακόμα και με αρνητική συμπεριφορά.

237.
Το διάμεσο που είναι αρνητικό επικαλείται ή έλκει αυτές τις οντότητες που απορροφούν την ζωτικότητά του, ταράζοντας το Αστρικό του σώμα μέχρι να εξαντληθούν οι δυνάμεις του και χωρίς αντίσταση πλέον ικανοποιούν τις δικές του απολαύσεις μέσω του Φυσικού σώματος του διαμέσου.

238.
Ο ζηλωτής της λευκής Μαγείας πρέπει πάντα να διατηρεί το σώμα του, τον νου του και την υγεία του σε τέλεια κατάσταση. Οι ασθενείς και οι αδύναμοι έλκουν μολυσμένες νύμφες που τους προκαλούν νευρικές διαταραχές.

239.
Ο εσωτερικός εχθρός μάχεται τους δημιουργούς και

τους ζηλωτές μέσω των στοιχειακών της οκνηρίας και της αδράνειας. Έτσι βλέπουμε ότι πολλοί μεν κλήθηκαν, ολίγοι δε επιλέχθηκαν. Χιλιάδες είναι αυτοί που τρέφουν διακαή επιθυμία να φτάσουν το γρηγορότερο δυνατόν, αλλά μόλις αντιληφθούν πόσο μακρινή και στενή είναι η ατραπός, τα εγκαταλείπουν όλα.

240.
Πιστεύουμε όμως ότι αυτές οι διδασκαλίες πρέπει να απευθύνονται στους νέους, ώστε αυτοί να μπορέσουν να πλησιάσουν την γνώση από την ηλικία της εφηβείας. Τα αδύναμα και ασθενικά άτομα δεν μπορούν να προχωρήσουν πολύ γιατί κουράζονται γρήγορα. Όμως και οι νέοι έχουν το ελάττωμά τους - τρέχουν πολύ στην αρχή από ενθουσιασμό και φυσικά κάπου φτάνουν, χωρίς όμως να έχουν αρκετή ανάσα για να προχωρήσουν. Όποιος επιθυμεί να διδαχτεί κάτι από την καθοδήγηση ενός Διδασκάλου, θα πρέπει να έχει αρκετή γαλήνη υπομονή και ηρεμία για να μπορέσει να δεχτεί από τον εσωτερικό κόσμο την κατάλληλη απάντηση στις εσωτερικές του επιδιώξεις.

241.
Πρέπει να μελετάμε λεπτομερώς και με αργό ρυθμό τους λεπτούς και αόρατους κόσμους πρώτα για να τους γνωρίσουμε και μετά να μπορέσουμε να δράσουμε μέσα σ' αυτούς, είτε βρισκόμαστε σ' αυτή την ζωή, είτε μετά θάνατον. Μετά τον θάνατο ο άνθρωπος παραμένει δεμένος στο σώμα του, που είναι γνωστό και ως αστρικό κέλυφος, στην ρευστή ουσία του οποίου είναι καταγεγραμμένα τα πάθη, οι αναμνήσεις και οι επιθυμίες του ανθρώπου που τον καθηλώνουν στην Γη. Η ψυχή υποφέρει πολύ μέχρι να απαρνηθεί και να ξεχάσει τις επίγειες

συνήθειες της. Η πρώτη δουλειά του λευκού Μάγου σ' αυτούς τους κόσμους όταν βγει από το Φυσικό του σώμα είναι να βοηθήσει αυτές τις ψυχές που βρίσκονται σε κατάσταση αγωνίας λόγω της άγνοιας τους. Πρέπει να κάνει αστρικά ταξίδια και να διαπερνά το πέπλο της φαντασίας του ετοιμοθάνατου, να κόβει τον αστρικό λώρο ή νήμα (αργυρό νήμα) όπως γίνεται με τα νεογέννητα παιδιά. Για την εργασία αυτή χρησιμοποιεί ορισμένους ήχους. Ύστερα μεταφέρει τον νεκρό σ' ένα μέρος όπου μπορεί να ξυπνήσει με την βοήθεια των επιφορτισμένων για το έργο αυτό σ' εκείνο το πεδίο. Ο θάνατος είναι μια δεύτερη νηπιακή περίοδος, όμως η μύηση στην ζωή είναι γνώση που προφυλάσσει και βοηθάει και στην ζωή και στον θάνατο. Οι παλαιοί χριστιανοί ιερείς και πατέρες γνώριζαν και πραγματοποιούσαν την προβολή του αστρικού σώματος, αλλά όταν έχασαν αυτή την θεία ικανότητα αρκέστηκαν στην εξομολόγηση και στην επιθανάτιο ευχή. Λευκοί Μάγοι ωστόσο εξακολουθούν να μεταχειρίζονται τον μοναδικό, αναντικατάστατο και αμετάκλητο αυτό μέσο.
Οι λειτουργίες και άλλες νεκρώσιμες τελετουργίες έχουν σκοπό την απελευθέρωση της ψυχής από το κέλυφος της. Πολλοί μαθητές αναλαμβάνουν το έργο της κοπής του λώρου ή χορδής στα νεκροταφεία με συγκέντρωση για να πάψουν να φοβούνται την Κόλαση. Η καύση του Φυσικού σώματος επιταχύνει πολύ αυτή την διαδικασία, γιατί ο νεκρός χάνει κάθε ελπίδα να ξαναγυρίσει στον Φυσικό Κόσμο και ακούει καλύτερα ή προσεκτικότερα τις οδηγίες του πνευματικού του οδηγού.

242.
Ο φόβος είναι το μεγαλύτερο εμπόδιο για τον ζηλωτή σ' αυτούς τους κόσμους γιατί ο εσωτερικός εχθρός στέλνει εναντίον του τον Φύλακα του Κατωφλίου στις πιο τρομα-

κτικές εμφανίσεις του.

243.
Όλοι όσοι φοβούνται το σκοτάδι, τα δάση, τα ζώα, τα ύψη, κλπ. δεν μπορούν να εισχωρήσουν στον χώρο των στοιχειακών. Η καλύτερη άσκηση για να εξαφανίσουμε τον φόβο είναι να στέλνουμε κύματα αγάπης σ' αυτούς τους χώρους, στα τρομαγμένα ζώα και ανθρώπους, και τότε οι φοβίες εξαφανίζονται ως δια μαγείας. Η αγάπη είναι ο μεγαλύτερος δαμαστής των στοιχειακών και είναι το πιο ισχυρό όργανο του λευκού Μάγου για να βοηθάει τους ανθρώπους στην εξέλιξή τους.

244.
Δεν υπάρχει ανάπαυση μετά θάνατον, όπως γενικά πιστεύεται. Αντίθετα η ζωή στο υπερπέραν είναι πιο δραστήρια, εκτός για τους τελείως άθεους, οι οποίοι μετά θάνατον βρίσκονται φυλακισμένοι σε μια τυπική ατμόσφαιρα για αρκετό καιρό χωρίς αποστολή, αλλά και χωρίς παρηγοριά. Όταν ένας άνθρωπος πεθαίνει, ο Άγγελος - καταγραφέας του τον δέχεται και του παρουσιάζει τα άτομα - αρχεία, τα σχετικά με τις πράξεις του με σκοπό να δικαστούν απ' αυτόν τον ίδιο. Το ανώτερο εγώ μεσολαβεί με το ΕΓΩ και εάν ο θανών επιθυμεί πραγματικά την υπέρβαση για το καλό του και είναι μετανιωμένος για τις κοινές του πράξεις, του δίνεται δικαιοσύνη και έλεος.

245.
Ο Άγγελος του Θανάτου είναι μια διάνοια που συνοδεύει τον άνθρωπο από την αρχή της εξέλιξής του. Οι πολλοί ευαίσθητοι άνθρωποι αισθάνονται την παρουσία του στον αέρα. Η ατμόσφαιρα ενός Αγίου όταν πεθαίνει θα λειτουργεί σαν μια ξεσκονίστρα για όποιους έχουν άτο-

μα κατώτερης δόμησης μέσα τους.

ΚΕΦΑΛΑΙΟ 8ο
Η ΝΟΗΤΙΚΗ ΑΥΡΑ

246.
Αφού εξαλείψουμε όλα τα χονδροειδή άτομα και εξαγνίσουμε την κατώτερη φύση με την εξέλιξη των δυνάμεων μας, αρχίζουμε να δημιουργούμε την Νοητική μας Αύρα. Η κατώτερη φύση θάβεται στην Κόλαση αλλά ο Μυστικός Εχθρός έχει τα σημάδια του στην Νοητική Αύρα. Αυτή θα μπορούσε να παρομοιαστεί με τον "βωμό" του Διδασκάλου που ανάβει από την αρχή της σπερματικής δημιουργικής ενέργειας. Μέσω αυτής της αύρας, δημιουργούνται ορισμένοι οδοί επικοινωνίας με ανώτερα στοιχειακά της Φύσης τα οποία εκπέμπουν δονήσεις προς το ΕΓΩ Η νοητική αύρα σε ποιότητα και μέγεθος εξαρτάται απόλυτα από τις επιδιώξεις και τις αναπνοές του ζηλωτή, όπως επίσης και από τα εισπνεόμενα άτομα τα οποία την μετατρέπουν. Αυτή μας προστατεύει από κάθε κακοήθη εσωτερική ή εξωτερική επιρροή δημιουργώντας γύρω μας ορισμένους αγνούς χρωματισμούς - μοιάζει δε με αδιαπέραστο κάλυμμα.

247.
Όταν δημιουργείται η νοητική αύρα, αρχίζει για τον Μαθητή ένας πραγματικός αγώνας, γιατί στην φάση αυτή πολλαπλασιάζονται οι δοκιμασίες. Ο στρατός του Μυστικού Εχθρού τον υποχρεώνει να βυθιστεί στην ίδια

του την άβυσσο με σκοπό να σπάσει αυτή την προστατευτική ατμόσφαιρα ή θωράκιση που το προφυλάσσει από τις κακοήθεις οντότητες.

248.
Αυτός ο στρατός επιχειρεί να διαπεράσει και να καταστρέψει τα άτομα του φωτός ώστε να μπορέσει να ανακαταλάβει την χαμένη κυριαρχία. Τα κακοήθη άτομα επιτίθενται και κτυπούν για να σβήσουν αυτό το φως ερεθίζοντας και ταράσσοντας τον Μαθητή. Ως και οι ίδιοι οι οικείοι του (συγγενείς, κλπ.) μετατρέπονται σε όργανα ταραχής. Αυτός ο αγώνας διαρκεί πολύ καιρό και κανείς δεν είναι τέλειος στις κοσμικές σκέψεις. Ο ζηλωτής σπρώχνεται προς τον υλισμό (πλούτο, ανέσεις, κλπ.) και επειδή είναι πολύ ευαίσθητος αυτό τον κάνει δυστυχή. Θα χλευαστεί για την φτώχεια ή για τον τρόπο που ζει, ενώ αυτός δεν μπορεί να κερδίσει πολλά χρήματα γιατί διαθέτει την ενέργειά του για να απωθήσει από την καρδιά του αυτόν ακριβώς τον υλισμό.

249.
Κάποτε οι ερευνητές και οι ψυχολόγοι θα μπορέσουν να καταλάβουν τις εργασίες του Νου και θα ανακαλύψουν με ποιον τρόπο λειτουργεί η σκέψη στον εγκέφαλο. Όταν η σκέψη φτάσει στην νοητική αύρα, αυτή επικοινωνεί δια της δονητικής της ενέργειας με την κυτταρική ζωή του εγκεφάλου και είναι ακριβώς αυτή η ενέργεια που μας φέρνει σε επαφή με άλλα πλανητικά συστήματα τα οποία μας αποκαλύπτουν τα μυστικά τους. Η νοητική αύρα παρομοιάζεται με έναν χάρτη του Ηλιακού μας συστήματος. Ο εγκέφαλος είναι μια μικρογραφία του, μέσα στο κρανίο.

250.
Κάθε σκέψη συλλαμβάνεται από την νοητική αύρα και προωθείται προς την κυτταρική ζωή στο εσωτερικό του εγκεφάλου ο οποίος δονείται ανάλογα. Γι' αυτό είπαμε παραπάνω ότι ο άνθρωπος εισπνέει πάντοτε άτομα που συντονίζονται με τις σκέψεις του. Μ' έναν παρόμοιο τρόπο, όπως δηλαδή το σώμα διατηρείται από τις τροφές που αφομοιώνει, έτσι και ο Νους τρέφεται από την ατμόσφαιρα που τον περιβάλλει. Η μεγαλύτερη διέγερση του Νου γίνεται κατά την νηστεία λόγω της πυκνότητας του σώματος. Την τέταρτη ημέρα της νηστείας το σώμα χάνει πολύ από την πίεση που ασκεί στον Νου.

251.
Όλοι μας έχουμε το άτομο - Διδάσκαλο, αλλά το εάν θα είναι δυνατό ή αδύναμο εξαρτάται από το εάν είμαστε αγνοί ή έχουμε βυθιστεί στον βούρκο της ακολασίας. Ο ακόλαστος και άσωτος άνθρωπος μπορεί ν' αρχίσει μεγάλα έργα, όμως είναι ανίκανος να τα αποπερατώσει. Βέβαια δεν πρέπει να απέχουμε τελείως από τον έρωτα και τον γάμο διότι αυτό αντίκειται στην φύση, αλλά συνιστούμε πάντοτε στον Μαθητή να διατηρεί την ζωτικότητα του για να έχει ακέραιες τις δυνάμεις του και την νοητική του αύρα, η οποία είναι ο ναός του ατόμου - Διδασκάλου.

252.
Στην βάση του εγκεφάλου υπάρχει μια μεγάλη αποθήκη με ενέργεια που δίνει δύναμη στην σκέψη. Αυτή είναι η ενέργεια που παρέχει δύναμη, δράση, και υπεροχή. Χωρίς αυτήν εκδηλώνεται το γήρας και ο πρόωρος θάνατος.

253.
Όταν ο Διδάσκαλος ανάβει την νοητική αύρα όλες οι

λανθάνουσες και ξεχασμένες ενέργειες αρχίζουν να λειτουργούν. Παρελαύνουν οι προηγούμενες ζωές και ανοίγονται όλα τα λησμονημένα αρχεία. Έτσι ο άνθρωπος ξαναθυμάται όλη την κεκτημένη γνώση του μαζί με την γνώση της φύσης.

254.
Η προστασία και το μέλλον ενός ανθρώπου ή ενός έθνους εξαρτάται από την νοητική του αύρα.

255.
Η αυτοκυριαρχία οδηγεί στην ελευθερία και την φώτιση. Όμως η κυριαρχία επί των άλλων είναι κατάκτηση, καταστροφή και καταπάτηση του Νόμου της ελεύθερης βούλησης.

256.
Αυτός ο εσωτερικός Διδάσκαλος, προερχόμενος από την δημιουργική ενέργεια είναι ο μοναδικός και αλάνθαστος που μπορεί να διδάξει τον Μαθητή, όταν θα το χρειαστεί, πώς να καταστείλει τις δραστηριότητες του μυστικού εχθρού τον οποίο έχει δημιουργήσει ο ίδιος κατά τις προηγούμενες ζωές του από τότε που άρχισε να απομακρύνεται από την εσωτερική του ΕΔΕΜ για να αφοσιωθεί στην ικανοποίηση των άμετρων επιθυμιών του. Πάντα πρέπει να θυμάστε ότι το έργο είναι του Διδασκάλου.

257.
Ο άνθρωπος αναπνέει συγχρόνως και από τα δύο ρουθούνια. Το δεξί απορροφά ηλιακά άτομα ενώ το αριστερό σεληνιακά. Το σώμα εξαρτάται απ' αυτές τις δύο δυνάμεις. Ενώ ο Ήλιος ζωογονεί, η Σελήνη εξασθενεί και

αυτό συμβαίνει περισσότερο όταν είναι πανσέληνος. Τέτοια άτομα είναι στο έλεος των στοιχειακών που τους προκαλούν ταραχές και ασθένειες. Αντίθετα ο άνθρωπος που ζωογονείται με ηλιακή θετική ενέργεια μπορεί και να βλέπει τα στοιχειακά και να τα οδηγεί στο έργο για να γίνουν αθάνατα όπως και αυτός.

258.
Κάθε άνθρωπος έχει δύο Φύλακες - Αγγέλους. Ο ένας είναι ο Φύλακας - Άγγελος, όπως λέγεται, και ο άλλος είναι ο Άγγελος με την σπάθα. Και οι δύο είναι δικά μας δημιουργήματα που μας οδηγούν και μας προστατεύουν σε όλη την διάρκεια της ζωής μας. Αυτά τα δύο άτομα - Άγγελοι κατοικούν στα δύο νήματα του συμπαθητικού και αναφέρονται στην Αποκάλυψη ως "Οι δύο μάρτυρες". Όταν ο λευκός Μάγος επιστρέφει στην κατοικία του στο κεντρικό νευρικό σύστημα δεν χρειάζεται πλέον τις υπηρεσίες τους, γιατί μπορεί να αποκωδικοποιεί τα μηνύματα της Φύσης και να διαβάζει τα Αρχεία του Στοιχειακού Κόσμου.

259.
Υπάρχουν ορισμένα τυπικά που φέρνουν τον άνθρωπο σ' επαφή με τον εσωτερικό κόσμο ή νευρικό σύστημα. Αυτά τα τυπικά δημιουργούν μια πολύ ευαίσθητη κατάσταση στην υποδοχή της βοήθειας των δύο Αγγέλων του συμπαθητικού συστήματος. Μπορεί λοιπόν κανείς να συζητήσει μαζί τους εφαρμόζοντας με το τυπικό θερμή επιδίωξη αυτού. Η εισπνοή με το αριστερό ρουθούνι σε φέρνει σ' επαφή με τον Φύλακα Άγγελο και το δεξί με τον Άγγελο με την σπάθα. Όμως οι πολύ ευαίσθητοι ή υστερικοί άνθρωποι δεν μπορούν να κυριαρχήσουν στην νοητική τους ατμόσφαιρα ούτε να ταυτιστούν με την

προστασία των δύο Αγγέλων.

260.
Το ένστικτο στον άνθρωπο είναι η ανάμνηση της Φύσης. Αυτό το ένστικτο είναι το έργο του Φύλακα - Αγγέλου που εισάγει στην συνείδησή μας με μεγάλη ταχύτητα τι πρέπει να κάνουμε ή ποιον δρόμο ν' ακολουθήσουμε.

261.
Όταν αυτά τα δύο ρεύματα ενώνονται για να ελευθερώσουν το Εγώ από την φυλακή του, οι δύο Άγγελοι μεσολαβούν σ' αυτό και αμέσως γίνεται η αναγέννηση μας.

262.
Υπάρχει μία άσκηση της αναπνοής που διεγείρει τον Φύλακα - Άγγελο και τον κάνει να κατευθύνει τις στοιχειακές δονήσεις του στα έξι μαγνητικά κέντρα (Τσάκρας) που τα εναρμονίζει με τις δονήσεις της Φύσης, θεραπεύοντας όλες τις παθήσεις και τις εσωτερικές ασθένειες.

263α.
Αυτή η άσκηση μπορεί επίσης να δώσει θεραπευτική ενέργεια σε ασθενείς με την προϋπόθεση ότι και αυτοί κατέχουν την ικανότητα ή χάρισμα να ανταποκρίνονται σ' αυτή την δύναμη. Η πρώτη απαίτηση του Αγγέλου - μεσολαβητή για να μας διδάξει την αιτία των ασθενειών, για να κάνει διάγνωση και θεραπεία, είναι η αγνότητα της σκέψης. Όταν όμως ο ασθενής δεν ανταποκρίνεται ούτε υπακούει στις διαταγές του ΕΓΩ τότε, ο Άγγελος τον εγκαταλείπει στα άτομα του Θανάτου, τα οποία καταστρέφουν το υλικό σώμα. Η ανυπακοή συνίσταται στην μη τήρηση ή βιασμό των νόμων της φύσης που βάζει χα-

λινούς στην ικανοποίηση των παθών μας.

263β.
Ο λευκός Μάγος μαζί με τον Άγγελό του θεραπεύει τις άρρωστες ψυχές εντελώς απρόσωπα. Υπάρχουν ωστόσο και άλλοι άνθρωποι που έχουν την δύναμη να θεραπεύσουν βοηθούμενοι απ' αυτό τον ίδιο Άγγελο χωρίς να το γνωρίζουν. Υπάρχουν επίσης φωνητικοί ήχοι και νότες γνωστές στους λευκούς Μάγους που προκαλούν κατάλληλες δονήσεις, αναγκαίες για να επαναφέρουν σε ισορροπία την αρμονία της Φύσης στο σώμα του ασθενούς. Κάθε μαγνητικό κέντρο έχει διαφορετικό χρώμα και ήχο που όταν δονούνται σωστά το εναρμονίζουν στον αληθινό ρυθμό του. Υπάρχει επίσης ένα σημείο που χαράζεται πάνω στον ασθενή ή πάνω σε κάτι δικό του και προκαλεί στο ψυχικό σώμα ορισμένα εσωτερικά εκτινάγματα που αναπτύσσουν τα άτομα της υγεία και καταστρέφουν αυτά του θανάτου. Αυτό το σημείο είναι το μαγικό κλειδί που βρίσκεται στα τρία πρώτα δάχτυλα του δεξιού χεριού του μαθητή (σημείο των Εσσαίων).

264.
Ο θεραπευτής πρέπει να είναι θετικός για να μπορέσει να νικήσει τα καταστρεπτικά άτομα. Ο Άγγελος της σπάθας τον βοηθάει στον αγώνα του. Ο ζηλωτής πρέπει να καταφέρει να χειρίζεται την σπάθα χωρίς να πληγωθεί μ' αυτή. Η θέληση της Φύσης είναι ο παλμός που εκδηλώνεται στον άνθρωπο. Η ώθηση της Φύσης έρχεται πάντα συνοδευόμενη από την σπάθα. Ο άνθρωπος χειρίστηκε μέχρι τώρα αυτή την σπάθα εναντίον της ίδιας της Φύσης και πληγώθηκε ο ίδιος. Όταν όμως αρχίζει να την χειρίζεται με σοφία θα εκδιώξει όλες τις ανταγωνιστικές δυνάμεις.

265.
Η Φύση είναι ο Νόμος, η ευφυής καλή και σωστή και δίκαιη Μητέρα. Το παιδί της, ο άνθρωπος, πρέπει να ακολουθεί τον δικό της παλμό χωρίς να την προκαλεί. Εάν πράξει έτσι, θα βασιλεύσει μαζί της έχοντας ως συμμάχους του βασιλείς, δηλαδή τα ανώτερα στοιχειακά και όχι τα κατώτερα.

266.
Όταν ταξιδεύουμε τα βράδια σε μακρινές αποστάσεις με το Νοητικό μας σώμα, ο ατομικός Φύλακας - Άγγελος φρουρεί και προστατεύει το σώμα μας καθώς και το αργυρό νήμα που εκτείνεται πέραν του Φυσικού για να μην σπάσει και επέλθει έτσι αμέσως ο θάνατος.

267.
Ο άνθρωπος έχει τρεις σφαίρες φαντασίας. Σ' αυτές τις τρεις κατώτερες σφαίρες εργάζονται τα κατώτερα στοιχειακά. Πρέπει λοιπόν να μάθουμε να περνάμε απ' αυτούς τους κόσμους χωρίς να εκθέτουμε τον εαυτό μας στους κινδύνους των φυλακών τους. Μόνο η αγάπη μπορεί να δαμάσει αυτά τα θηρία μαζί με την αγνή αναπνοή και την εισπνοή της θείας πνοής. Σ' αυτά τα πεδία κατοικούν η φρίκη, η κακία και η αποκρουστική ασχήμια. Στο στάδιο αυτό βλέπουμε πόσο ικανή είναι η ανθρώπινη νόηση στο να δημιουργεί τέτοιες φρικαλεότητες.

ΚΕΦΑΛΑΙΟ 9ο
ΣΥΜΠΑΝΤΙΚΗ ΙΑΤΡΙΚΗ

268.
Οι δύο ενέργειες που μας περιβάλλουν μας εμποτίζουν και μας ζωογονούν διατηρώντας την υγεία μας, μπορούν να κατευθυνθούν και σε άλλα ασθενέστερα σώματα, για να τα θεραπεύσουν και να τα αποκαταστήσουν γιατί η υγεία δεν είναι τίποτε άλλο παρά η αρμονική και ισορροπημένη διανομή των ρευμάτων της Φύσης στον οργανισμό. Τα σώματά μας δονούνται σύμφωνα με την σχέση μας, με το εσώτερο. Ο αληθινός γιατρός είναι αυτός που βρίσκεται σε στενή επαφή με το ΕΓΩ και ζει ανώνυμα μεταξύ των ανθρώπων, επειδή κάθε θεραπευτής που διαθέτει αυτή την πολύτιμη γνώση κλείνεται στον εαυτό του και εργάζεται απρόσωπα και μυστικά.

269.
Ο Πνευματικός θεραπευτής ανακαλύπτει και εντοπίζει το όργανο που έχει προσβληθεί από την ασθένεια μέσα στο σώμα, μέσω μιας επιστημονικής και ταυτοχρόνως ευαίσθητης ανάλυσης. Επικοινωνώντας με τα δικά του ρεύματα που περιβάλλουν τον ασθενή με την δική του ενέργεια, τον θεραπεύει. Το μυστικό αυτής της θεραπείας είναι η γνώση του χειρισμού των κυμάτων της Φύσης.

270.
Βεβαιώσαμε από την αρχή ότι η ασθένεια αρχίζει πρω-

τίστως σ' ένα σώμα λεπτότερο από το φυσικό και εν συνεχεία αντανακλάται σ' αυτό. Η Ψυχή ή το Σώμα των Επιθυμιών είναι η εστία όπου φωλιάζουν όλες οι ασθένειες, το μίσος, η ζήλια, ο εγωισμός, η λαγνεία, η λαιμαργία, κλπ. Ταράζουν αρχικά το κέντρο του νευρικού μας συστήματος εμποδίζοντας τα ζωτικά ρεύματα να ενεργήσουν σ' αυτό το κέντρο με αποτέλεσμα να ελαττώνεται η τροφοδότηση της φυσικής ενέργειας. Ελαττώματα ή ακάθαρτες σκέψεις έλκουν μέσω της αναπνοής άτομα με καταστροφική φύση, τα οποία ανοίγουν ένα ρήγμα στην αύρα που προστατεύει την αρμονία και την υγεία μας.

271.
Η σκέψη έχει το κύμα της και μας εντυπώνει τον χαρακτήρα της. Αυτή προκαλεί ταραχές τόσο στην ατομική όσο και στην κυτταρική ζωή μας.

272.
Η αγνή και υγιής σκέψη έλκει υγεία και υποχρεώνει τα κέντρα μας να υπακούσουν στην αγνότητα των αισθημάτων. Όταν εξαιτίας μιας δύσμορφης και κακής σκέψης εισπνεύσουμε άτομα καταστρεπτικά για την υγεία μας, τότε τα άτομα - υπερασπιστές δίνουν μια μάχη. Σε μας ανήκει να διαλέξουμε πού θα δώσουμε την βοήθειά μας, στα μεν ή στα δε. Ο Ιπποκράτης έλεγε: "Εγώ, εσύ και η ασθένεια είμαστε τρεις. Εάν με βοηθήσεις να την καταπολεμήσουμε θα την νικήσουμε, εάν όμως βοηθήσεις την ασθένεια θα νικηθώ."

273.
Ένθερμη και αγνή επιδίωξη είναι η σωστή εισπνοή και σκέψη στο ΕΓΩ- τα μοναδικά μέσα τα οποία είναι ικανά να διατηρήσουν το σώμα σε ισορροπία και υγεία. Αυτός

ο τρόπος ενεργοποιεί τις εκκρίσεις των αδένων που εξαγνίζουν έτσι το σώμα από κάθε ακαθαρσία. Υπάρχουν επίσης ορισμένα φωνήεντα και ήχοι που εάν προφερθούν σωστά κάνουν τους αδένες να δονηθούν δίνοντάς τους την δύναμη να εξολοθρεύσουν τις ακαθαρσίες. Ο ξηρός ήχος "ΦΑ" κατά την διάρκεια της ολοκληρωμένης αναπνοής καθαρίζει όλα τα παρασιτικά άτομα και επιδρά ισχυρότατα σε περιπτώσεις καρκίνου. Ο ήχος "ΡΑ" εκπεμπόμενος με τον ίδιο τρόπο αφυπνίζει τον οργανισμό την ηλιακή ενέργεια. Ο ήχος "ΚΙΤ" διανέμει αυτή την ενέργεια σε όλο το κυκλοφορικό σύστημα.

274.
Μας έχει αποκαλυφθεί ότι στα ανώτερα πεδία του εσωτερικού κόσμου υπάρχουν όντα που διδάσκονται την συμπαντική ιατρική όταν βρίσκονται εκτός σώματος κατά την διάρκεια του ύπνου. Διδάσκονται την αιτία ορισμένων ασθενειών καθώς και το κατάλληλο φάρμακο για την θεραπεία τους. Τέτοιοι άνθρωποι είναι άκρως ευαίσθητοι στον Φυσικό Κόσμο. Γνωρίσαμε μερικούς που μπορούν να αισθανθούν τον ίδιο πόνο που αισθάνεται ο ασθενής και να κάνουν διάγνωση της ασθένειας χωρίς να έχουν ειδικές ιατρικές γνώσεις και χωρίς μεγάλη προσπάθεια. Οι περισσότεροι δεν θυμούνται όταν βρίσκονται σε εγρήγορση την διδασκαλία που έλαβαν κατά την διάρκεια του ύπνου. Μελλοντικά οι ιατροί θα αντιληφθούν ότι τα χημικά φάρμακα, ενέσεις, κλπ. όταν δίνονται στον άνθρωπο μετατρέπονται σε εμπόδια για την εσωτερική του ανάπτυξη. Η μεταμόσχευση σεξουαλικών αδένων ζώων στον άνθρωπο προκαλεί μια αφύσικη κατάσταση στον Αστρικό Κόσμο και τον Νου, η οποία προβάλλεται στον Αστρικό Κόσμο και το Νοητικό μετά θάνατον. Μια τέτοια πράξη προκαλεί δυσμορφία του ό-

ντος στην επόμενη μετενσάρκωση. Τέτοια ζωώδη άτομα δεν θα μπορέσουν από μόνα τους ν' ακολουθήσουν την κατεύθυνση του Νου.

275.
Τα μοσχεύματα από αδένες ζώων στον άνθρωπο ζωοποιούν την ψυχή του και τον υποχρεώνουν να μοιάζει με το ζώο από το οποίο δανείστηκε το μόσχευμα και προ πάντων όταν η μεταμόσχευση έγινε για τόνωση των σεξουαλικών λειτουργιών, μέχρις ότου το ίδιο το όργανο που δέχτηκε το μόσχευμα μάθει να υπακούει στα μηνύματα και τις διαταγές της ανθρώπινης φύσης που συμφωνούν με το άτομο - Νου που λειτουργεί σαν ρήγμα στο νοητικό σώμα και το σώμα των επιθυμιών (ψυχή) που ενώνει τον άνθρωπο με το ζωώδες.

276.
Το ΕΓΩ δημιουργεί και εργάζεται για την δική του δημιουργία γιατί είναι η ακτίνα της πραγματικής Θείας δημιουργίας του Κόσμου. Το ΕΓΩ δεν κατέρχεται για να δημιουργήσει κοινά και ευτελή έργα όπως πιστεύουν οι άνθρωποι της θρησκείας. Ο άνθρωπος είναι εκείνος που πρέπει να εξυψωθεί μέχρι αυτό, μέσω της ταπείνωσης, της θερμής επιδίωξης, της σωστής αναπνοής της συγκέντρωσης και της αγάπης οι θρησκείες και οι πιστοί τους δημιούργησαν Θεούς καθ' εικόνα και κατ' ομοίωσιν και πιστεύουν ότι αυτή η δύναμη μπορεί να κατέλθει μέχρι αυτούς. Γι' αυτό τον λόγο πολλές προσευχές δεν βρίσκουν ανταπόκριση και ιδίως για όσους δεν μπόρεσαν να εισχωρήσουν στον εσωτερικό κόσμο και δεν κατάλαβαν ότι η Βασιλεία των Ουρανών είναι εντός μας. Ήδη έχουμε πει ότι το ανώτερο Εγώ πρεσβεύει για μας μαζί με το ΕΓΩ . Εάν μετανοήσουμε ειλικρινά, τα λάθη

μας θα συγχωρηθούν και η αίτησή μας θα γίνει δεκτή.

277.
Για να αποφύγουμε αυτό που λέμε "κακοτυχία" πρέπει να σκεπτόμαστε και να επιθυμούμε το "καλώς έχειν", την ευτυχία του πλησίον μας και να του στέλνουμε σκέψεις υγείας, γαλήνης και ευτυχίας. Αυτές οι επιθυμίες λύνουν τους φραγμούς του όντος που πραγματικά θέλει την καλοτυχία του και που έτσι δέχεται μια απέραντη αίσθηση ειρήνης και ευτυχίας. Αυτή είναι η αληθινή αγάπη που σαρώνει τις ανθρώπινες λύπες και μετατρέπει τους ανθρώπους σε θεούς. Διότι αφού αυτή η ενέργεια πηγάζει από τον εσωτερικό κόσμο, εμποτίζει τόσο αυτόν που την μεταβιβάζει όσο και αυτόν που την δέχεται.

278.
Υπάρχουν δύο είδη Αγάπης - η αφοσιωμένη και η συμπαντική. Η αφοσιωμένη Αγάπη φωτίζει την καρδιά, η συμπαντική όμως είναι εκείνη η κατάσταση που αναπτύχθηκε πέρα από την νόηση και την ευφυΐα που υπάρχουν στην καρδιά. Η συμπαντική αγάπη υπερβαίνει το ανθρώπινο και συμφωνεί με τον θείο Νόμο.

279.
Ο άνθρωπος μπορεί ορισμένες φορές να κάνει μια χρυσίζουσα σπίθα φωτός, να ταλαντεύεται για λίγες στιγμές γύρω από το κεφάλι του. Αυτή η μικρή σπίθα είναι το αγνό και τέλειο φως του πνεύματος. Αμέσως θα πρέπει να επικοινωνήσει με αυτό στέλνοντάς του σκέψεις αγάπης. Μερικές φορές κάνει κάποια σήματα σαν να σε καλεί να εισέλθεις στον κόσμο της αλήθειας. Αυτό το φως έχει εξουσία στην νοημοσύνη (ευφυΐα) και μπορεί να γεννήσει και να βοηθήσει την αγάπη μας για τον πλησί-

ον όταν εισχωρήσουμε στον κόσμο του με την θερμή επιδίωξη και την συγκέντρωση. Αυτές οι σπίθες ονομάζονται άστρα του ΕΓΩ και στέλνονται για να ελευθερώσουν την ανθρωπότητα από το πνεύμα της φυλής και τον εγωισμό βυθίζοντάς την στη χοάνη ενός πλατύτερου και συμπαντικότερου χαρακτήρα. Είναι αρκετά δύσκολο να ελευθερωθεί κανείς από το φυλετικό ρεύμα. Αυτή, πχ. είναι η περίπτωση των Εβραίων που τους είναι αδύνατον ν' απαλλαγούν από το πνεύμα της φυλής. Υπάρχουν κι άλλες φυλές που παρουσιάζουν αυτή την φυλετική ιδιαιτερότητα σε μεγαλύτερο ή μικρότερο βαθμό.

280.
Η μίξη των διαφόρων λαών με τα "πιστεύω" τους και της φυλετικές ροπές τους, αντιπροσωπεύει την μυστική επιθυμία που εκδηλώνεται στους εκλεκτούς για μια συμπαντική αδελφότητα. Ο Υπεράνθρωπος είναι εκείνος που μπορεί να είναι μέλος πολλών φυλών και πολλών κοινωνιών, ενώ συγχρόνως είναι υπεράνω φυλών και κοινωνιών. Ο άνθρωπος ενσαρκώνεται σε διάφορες φυλές και προ παντός σε εκείνες για τις οποίες έτρεφε ίσως κάποιο μίσος, ώστε να μάθει το μάθημα της ανοχής, της επιείκειας και της δικαιοσύνης. Γι' αυτό τον λόγο δεν πρέπει να προσβάλλουμε καμία τάξη, έθνος ή φυλή, γιατί οι άνθρωποι μιας διωκόμενης φυλής μετατρέπονται σύμφωνα με τον Νόμο σε διώκτες, ζημιώνοντας έτσι την Ανθρωπότητα.

281.
Στις Σχολές του εσωτερικού κόσμου δεν έχουμε ονόματα αλλά γνωριζόμαστε από τα σύμβολά μας τα οποία μας παραχώρησε ο εσωτερικός Διδάσκαλος. Στον εσωτερικό μας κόσμο έχουμε επίσης τους 12 ζωδιακούς μας οί-

κους που περιστρέφονται γύρω από τον εσώτερο κόσμο μας. Αυτά τα ζώδια διηγούνται την ιστορία όλων των καταστάσεων που περάσαμε καθώς κι εκείνες που θα περάσουμε. Έχουμε επίσης τέσσερις εποχές χωρίς όμως να καταλαβαίνουμε αυτή την αλλαγή που γίνεται στον εσωτερικό κόσμο του είναι μας. Στην αρχή κάθε εποχής ένα κοσμικό ρεύμα κατέρχεται στα σώματά μας. Τα ρεύματα του Φθινοπώρου και του Χειμώνα τροφοδοτούν τα σπερματικά άτομα και αυτά κατά την εαρινή ισημερία γονιμοποιούν τα νευρικά κύτταρα του εγκεφάλου και συγχρόνως διαθέτουν αυτή την ενέργεια για να διατηρούν υγιή τα σώματα μας. Υπάρχει μέσα μας ένα πλανητικό σύστημα που είναι η μικρογραφία του εξωτερικού πλανητικού συστήματος. Οι εσωτερικοί μας πλανήτες επιδρούν στα λεπτότερα σώματά μας.

282.
Η Ίσιδα κατά του Αιγυπτίους φέρεται στεφανωμένη από την Σελήνη. Η Μαρία κατά τους Χριστιανούς βρίσκεται όρθια πάνω στην Σελήνη. Και οι δύο συμβολίζουν την Σελήνη και την Σοφία, γιατί αυτός ο δορυφόρος μας στέλνει την ανάμνηση της περιόδου της Σοφίας της. Το ίδιο κάνει και ο Ήλιος και όλοι οι πλανήτες στο στερέωμα της εσωτερικής πραγματικότητας. Κάθε πλανήτης ηχεί με μία διαφορετική νότα που δονεί το εσωτερικό μας σύστημα και χάρη σ' αυτό μπορούμε ν' αντιληφθούμε την μουσική των σφαιρών που μας αναφέρει ο Θείος Πυθαγόρας.

283.
Όταν ένας άνθρωπος μιλά πολύ για θρησκεία και εσωτερική πνευματική εξέλιξη δεν λέει αλήθεια, γιατί όποιος εξελίχθηκε ΓΝΩΡΙΖΕΙ και όποιος γνωρίζει ΣΙΩ-

ΠΑ. Άρα όποιος μιλάε,ι δεν γνωρίζει. Πρέπει να ανέλθουμε στην κορυφή για να μπορέσουμε να δούμε και να περιγράψουμε ολόκληρο το τοπίο. Κάθε θρησκεία είναι ένα φως που φωτίζει. Κανείς όμως δεν μπορεί να βεβαιώσει ότι το φως που βλέπει αυτός είναι καλύτερο από αυτό που βλέπει ένας άλλος. Όταν εξετάζεις Τέχνη, Θρησκεία ή Σοφία είναι σαν να προσπαθείς να περιορίσεις το άπειρο στην αντίληψή σου.

284.
Πριν αναπτύξουμε το νοητικό μας σώμα δεν μπορούμε να κατευθύνουμε την σκέψη μας στον εσωτερικό μας κόσμο. Είναι αναγκαίο να επιθυμούμε θερμά και να σκεπτόμαστε συνεχώς πριν αρχίσουμε την εσωτερική πρακτική. Έχουμε ξαναπεί ότι το νοητικό σώμα είναι ο Ναός του Εσωτερικού Διδασκάλου, ο οποίος μας διδάσκει όλη την Σοφία που βρίσκεται μέσα μας. Το πρώτο μάθημα είναι να διατηρήσουμε τέλεια υγεία στο φυσικό μας σώμα, ώστε το εσώτερο να ελευθερωθεί από την φυλακή του για να μπορεί να εκδηλωθεί η θετική του δύναμη, χωρίς κανένα εμπόδιο που γεννιέται από τις πυκνές και υποκειμενικές ατμόσφαιρες που μας χωρίζουν από την Θεία κληρονομιά μας, την Σοφία, το κάλλος, και την ισχύ του ΕΓΩ.

285.
Το άτομο ή Άγγελος διδάσκαλος στο νοητικό μας σώμα μας φέρνει σ' επαφή με το ΕΓΩ. Αφού το επιθυμήσουμε σφοδρά και αναπτύξουμε το νοητικό μας σώμα, ο Διδάσκαλος εισέρχεται σ' αυτό το σώμα. Ο Μύστης πρέπει να κάνει χρήση και να αφυπνίσει όλα τα άτομα του εγκεφάλου του που βρίσκονται σε λανθάνουσα κατάσταση. Ο άνθρωπος που εργάζεται με ελάχιστα από τα άτομά

του χωρίς να μπορεί να αφυπνίσει τα περισσότερα, δεν μπορεί να εκτιμήσει την πραγματική αξία των πραγμάτων, ούτε να διακρίνει τις διαφορές τους. Στο νοητικό σώμα μπορούμε να διαβάσουμε την Σοφία χωρίς να χρειαστεί να μελετήσουμε τα κέντρα - βαθμούς του Φυσικού σώματος γιατί στο νοητικό σώμα βρίσκεται η πηγή των εντυπώσεων της Ιερής Επιστήμης της Αγάπης και της Δύναμης.

286.
Η έντονη προσήλωση ωθεί στην απόφαση να κάνεις κάτι και στην επιθυμία. Συχνά αυτή η προσπάθεια αποτυγχάνει κι' έτσι πρέπει να επαναληφθεί στην επόμενη ζωή. Η αποτυχία τις περισσότερες φορές οφείλεται στις ανταγωνιστικές ενέργειες που κάνουν να ατονίσει το αρχικό ενδιαφέρον. Με την άσκηση της αναπνοής, εάν εκτελείται με πειθαρχία, μπορεί να απομακρυνθούν η οκνηρία και η απογοήτευση.

287.
Το ΕΓΩ κάνει να πηγάζει ορισμένη ενέργεια από την συνείδησή μας. Αυτή η ενέργεια όταν είναι αόρατη με τα φυσικά μάτια, μοιάζει με το φως του Ηλίου που φωτίζει μια σκοτεινή ατραπό. Αυτό το φως φτάνει στην σκέψη, φωτίζει το νοητικό σώμα που εστιάζει τις σκέψεις για να έλξει άτομα και να δημιουργήσει μορφές και εγγραφές στο νοητικό σώμα. Αυτές οι μορφές είναι που μας ενώνουν με τον εσωτερικό Διδάσκαλο και είναι αυτός ο Διδάσκαλος που μπορεί να επικαλεστεί την λανθάνουσα δύναμη απ' το κεντρικό νευρικό μας σύστημα και να το εξελίξει. Πολλές φορές αισθανόμαστε την επιθυμία να πραγματοποιήσουμε κάτι χωρίς να γνωρίζουμε την πηγή προέλευσης αυτής της επιθυμίας.

Αυτή περνάει από το νευρικό μας σύστημα και την χειρίζονται αποφασισμένα άτομα.

288.
Ο λευκός Μάγος διαθέτει αποφασιστικότητα και επιθυμία τις οποιες γνωρίζει να κατευθύνει με σωστό τρόπο. Η ορισμένη ενέργεια δεν έχει καμία σχέση με την ατομική επιθυμία που τις περισσότερες περιπτώσεις είναι μόνο ένα προσωποποιημένο πείσμα ή μια ιδιοτροπία. Ο λευκός Μάγος αφήνει την φύση να ενεργεί αφού πρώτα διορθώσει το λάθος. Λευκός Μάγος είναι αυτός που έχει σταθερότητα στις επιδιώξεις του γ'ιαυτό καθοδηγεί χωρίς να κυριαρχεί.

289.
Η επιδίωξη και οι ενέργειες που αναβλύζουν από το νευρικό μας σύστημα καταγράφουν οποιαδήποτε νοητική ατμόσφαιρα δίνοντάς μας την δύναμη να χειριστούμε τον Νου των άλλων με την σκέψη μας. Ο λευκός Μάγος γνωρίζει ότι η Φύση δεν παρέχει καμία δύναμη στο ζηλωτή μέχρις ότου απαρνηθεί κάθε προσωπική του επιθυμία. Η προσωπική επιθυμία καθηλώνει τον άνθρωπο στην Γη μετά το θάνατο. Ο λευκός Μάγος και ο μυστικιστής δεν απαρνούνται τίποτε στην ζωή. Ο λευκός Μάγος απαρνείται μόνο το πείσμα που λέγεται προσωπική επιθυμία. Αυτός γνωρίζει επίσης ότι η κυριαρχία είναι κάτι αρνητικό και καταστρεπτικό, ενώ η καθοδήγηση είναι θετική και εποικοδομητική, γι' αυτό καθοδηγεί χωρίς να κυριαρχεί.

290.
Διάφορες εσωτερικές Σχολές και θρησκείες συμβουλεύουν να διατηρούμε τις δημιουργικές δυνάμεις μας και να

κυριαρχούμε πάνω στην κατώτερη σεξουαλική Φύση. Ο σπάταλος άνθρωπος γίνεται ανίκανος και αδύναμος, δειλός και αναποφάσιστος. Ο ονομαζόμενος "Μαύρος Μάγος" είναι εγωιστής και χρησιμοποιεί αυτή την ενέργεια για να επιτύχει πρόσκαιρη δύναμη, ενώ ο Λευκός Μάγος είναι αλλτρουιστής και επικαλείται την ανώτατη δύναμή του για ν' ανακουφίσει τους άλλους. Η Φύση τότε εμποτίζει τα ιδανικά του και τον φωτίζει εσωτερικά για ν' απομακρύνει απ' αυτόν τις απατηλές αυταπάτες, βάζοντας στόχο το "γνώθι σε αυτόν" ή την γνώση του ΕΓΩ ώστε να αντιληφθεί τι γίνεται και να αρχίσει να εργάζεται κάτω από τις οδηγίες της.

291.
Κάθε άνθρωπος δεσμεύεται με τα άτομα του εσωτερικού εχθρού που δημιούργησε ο ίδιος. Πρέπει λοιπόν αυτός ο ίδιος να διαλύσει το δημιούργημά του μέσω της δημιουργικής ενέργειας που είναι πυρ και φως και παρέχει υγεία, ευτυχία και ευδαιμονία σε όλους τους κόσμους του. Ο ζηλωτής που εξαγνίζει την δημιουργική του ενέργεια με την θερμή επιδίωξη, την σωστή ανάσα και την συγκεκριμένη σκέψη, αρχίζει να αισθάνεται μετά από ορισμένο χρόνο πρακτικής ένα είδος απέχθειας για μερικές τροφές και ποτά τα οποία γέμιζαν προηγουμένως τα σωθικά του με βλαβερά άτομα.
Η δυσκοιλιότητα είναι το πρώτο σύμπτωμα του θανάτου που εισχωρεί από το σπερματικό κανάλι και δημιουργεί κάποια νέφη τα οποία καταπιέζουν τον Νου. Ο καταπιεζόμενος Νους δεν μπορεί ποτέ ν' αφήσει κάποιον να γίνει Λευκός Μάγος, πέρα από το γεγονός ότι οδηγεί αλάνθαστα σε κατάπτωση και κατάθλιψη.

292.
Η παρακάτω άσκηση πρέπει να εκτελείται συχνά ώστε

να διατηρείται η ελαστικότητα του σώματος και η δημιουργική ενέργεια.

ΑΣΚΗΣΗ:
Με τα χέρια στην μέση περιστρέφουμε το σώμα μας από τα δεξιά προς τα αριστερά και αντίθετα. Πρέπει να πίνουμε πολλά υγρά ανάμεσα στα κύρια γεύματα ώστε τα έντερα να εκτελούν καλύτερα το έργο τους κι έτσι να φεύγουν οι ακαθαρσίες του σώματος, ώστε η ενέργεια να απλώνεται σ' όλο τον οργανισμό. Αφού θεραπευθεί η δυσκοιλιότητα, γίνεται πλέον ευκολότερη η κυριαρχία πάνω στην κατώτερη σεξουαλική φύση.

293.
Θα πρέπει να αναφερθούμε λίγο και στον γάμο. Κανένας από τους συζύγους δεν μπορεί να έχει εκτίμηση από τον σύντροφο του εάν αυτός ο ίδιος δεν είναι φορέας μίας ανώτερης σεξουαλικής ενέργειας. Ο ευτυχισμένος γάμος βασίζεται στην αγάπη, την εκτίμηση και τον σεβασμό των παιδιών τους. Επανειλημμένες παρατηρήσεις μας επιβεβαιώνουν ότι οι σύζυγοι φιλονικούν έπειτα από μια σεξουαλική υπέρβαση. Οι σημερινοί γάμοι αποτυγχάνουν γιατί φτάνουν σε εξαντλητικές σεξουαλικές επιδόσεις, σπαταλώντας ενέργεια κι έτσι χάνουν την εκτίμηση και την αιτία που προκαλεί τον σεβασμό. Όταν ο άνδρας πλημμυρίζει από αυτή την ηλιακή ενέργεια, αρχίζει να μην αντιλαμβάνεται και δεν σέβεται την ομορφιά μέσα του και μέσα στην σύντροφο του.

294.
Μερικές φορές αισθανόμαστε άσχημα με την παρουσία ενός προσώπου. Αυτό συμβαίνει γιατί οι δονήσεις του μας ταράζουν ή μας φοβίζουν κατά περίεργο τρόπο, ί-

σως λόγω κάποιου προηγούμενου γεγονότος της ζωής μας. Απλώς δεν μπορούμε να συντονιστούμε με κάποιον που μας έβλαψε ή τον βλάψαμε σε προηγούμενες ζωές για προσωπικούς θρησκευτικούς ή φυλετικούς λόγους. Αυτό μας το επιβάλει η Φύση για να εναρμονιστούμε με όλα τα όντα. Όταν αισθανόμαστε έτσι για κάποιο πρόσωπο πρέπει αμέσως να προσπαθήσουμε να αισθανθούμε αδελφική αγάπη γι' αυτό, αφού όλοι μας είμαστε παιδιά ενός Ουράνιου Πατέρα. Αυτό το συναίσθημα προκαλεί αμέσως την ένωση των νοητικών αυρών και γινόμαστε φίλοι.

ΚΕΦΑΛΑΙΟ 10ο
Η ΠΡΟΣΕΥΧΗ

295.
Τώρα θ' ασχοληθούμε με την προσευχή, την επίκληση, τα μάντραμ (λέξεις που δίνουν δύναμη). Όλες αυτές οι μορφές αιτήσεων προς το εσώτερο είναι ένα είδος νότας - κλείδας με τη νοητική ατμόσφαιρα της Φύσης. Όποιος καταφέρνει να συντονιστεί με τη νότα - κλείδα της Φύσης επιτυγχάνει ό,τι ζητήσει μέσα από την προσευχή, την επίκληση ή το αίτημα. Ο λευκός Μάγος είναι εκλεκτό και αγαπητό τέκνο της Μητέρας Φύσης, έτσι λοιπόν κυριαρχεί μέσω του λόγου και της συνείδησης της Μάνας Φύσης.

296.
Ο λευκός Μάγος επιδιώκει πρωτίστως να εξαγνίσει τις επιθυμίες του ηλιακού του πλέγματος απ' όπου προέρχεται όλη η δύναμη του συστήματος. Υπάρχουν δύο δρόμοι στο Ηλιακό Πλέγμα. Ο ένας οδηγεί στο εσώτερο και ο άλλος στον μυστικό εχθρό. Και οι δύο δρόμοι είναι γεμάτοι φαινόμενα και δυνάμεις, όμως ο λευκός Μάγος που επιθυμεί να ενωθεί με το ΕΓΩ πηγαίνει κατ' ευθείαν στο μαγικό λύχνο του Aladdin χωρίς να ενδιαφερθεί για ό,τι συναντήσει στον δρόμο του.

297.
Στο εσωτερικό της σπονδυλικής στήλης υπάρχει ένα νή-

μα που καταγράφει όλους τους ήχους της Φύσης. Κάθε ένα από τα επτά φωνήεντα της Φύσης δονείται σ' ένα ορισμένο μήκος κύματος, και θέτει την ατομική δομή του στο αντίστοιχο κέντρο. Ο λευκός Μάγος μέσω των επτά φωνηέντων που συνθέτουν τον χαμένο Λόγο, μπορεί να αφυπνίσει, να εξελίξει και να δραστηριοποιήσει όλα τα μαγνητικά κέντρα για την πραγματοποίηση του Έργου. Μπορεί επίσης να χειριστεί κατάλληλα τα φωνήεντα πάνω στα κέντρα άλλων ανθρώπων, κυρίως ασθενών, κάνοντας τα να δονηθούν και να προκαλέσουν την θεραπεία - πχ. η νωθρότητα και η απογοήτευση θα εξαφανιστούν εάν δραστηριοποιήσουμε το λαρυγγικό κέντρο με το φωνήεν "Ε" και την μουσική νότα "ΣΙ" οραματίζοντάς το μοβ χρώμα.

298.
Όταν επικαλούμαστε ένα ορισμένο Κέντρο με τον κατάλληλο ήχο, είναι σαν να κτυπάμε την πόρτα του κέντρου και όπως έχει ειπωθεί: "Εις τον κρούοντα με αγνή θέρμη θέλει ανοιχθεί διάπλατα αυτή η θύρα." Ο Διδάσκαλος ή φύλακας αυτού του κέντρου μας φέρνει σ' επαφή με την ατμόσφαιρα του ίδιου αυτού κέντρου καθώς και με την στοιχειακή του Φύση. Υπάρχουν επίσης φωνήεντα και λέξεις που εάν προφερθούν σωστά καθαρίζουν την αύρα μας. Αυτή είναι η προέλευση των προσευχών και των επικλήσεων, όπως καθιέρωσαν όλες οι θρησκείες του κόσμου και όχι όπως πιστεύεται σήμερα ότι μέσω μιας προσευχής ο Θεός μπορεί να αλλάξει τον Νόμο του ή ν' αλλάξει "απόφαση", όπως κάνουν οι άνθρωποι.

299.
Κάθε οντότητα έχει μια νότα κλειδί ή εσωτερικό όνομα

επιλεγμένο από την ίδια πριν ενσαρκωθεί. Αυτό δεν της ανακοινώνεται παρά μόνο όταν βρίσκεται στον δρόμο της επιστροφής, δηλαδή την ανύψωσή της μέσω του νευρικού συστήματος όπου είναι η δημιουργική ενέργεια Το άτομο διδάσκαλος αυτής της ενέργειας την στιγμή της ανύψωσης με κατεύθυνση τον εγκέφαλο ή ναό που γίνεται γνωστό από την νοητική ατμόσφαιρα θα αποκαλύψει αυτό το όνομα [ήχο]. Έτσι όπως λέει η αποκάλυψη αυτή η νότα - κλείδα δεν γίνεται γνωστή από κανέναν εκτός απ' αυτόν που μπόρεσε να νικήσει τον κατώτερο εαυτό του. Αυτό το όνομα δεν γίνεται γνωστό ούτε κατά την διάρκεια της ζωής, ούτε με τον εθελοντικό θάνατο, ούτε με την επιθανάτια αγωνία. Αντιπροσωπεύει το κλειδί ενός θησαυρού που πρέπει αργότερα να δοθεί στον Κόσμο.

300.
Όταν μπορούμε να κάνουμε να δονούνται τα μαγνητικά μας Κέντρα, ανοίγουμε τα κύτταρα και τα άτομα του σώματος - Ναού στον ήχο των Ηλιακών δυνάμεων. Έτσι τα προετοιμάζουμε, καθαρίζοντάς τα και ανοίγοντάς τα στο ανέφελο φως του ΕΓΩ Όλα τα τυπικά, οι ψαλμοί, οι προσευχές και οι τελετουργίες όλων των θρησκειών δεν είναι παρά αντανακλάσεις αυτών των επικλήσεων. Οι αρχηγοί των Εκκλησιών πιστεύουν ότι αυτές οι τελετουργίες είναι επαναλήψεις γεγονότων του παρελθόντος. Η λειτουργία που εκτελείται από έναν κληρικό που είναι λευκός Μάγος, μετατρέπεται στην πιο ισχυρή Λευκή Μαγεία που δεν μπορεί να συλλάβει ο ανθρώπινος νους. Όταν λειτουργεί ένας ιερωμένος λευκός Μάγος και όχι κοινός κληρικός όσοι παρακολουθούν την λειτουργία γίνονται μάρτυρες ενός πολύ παράξενου φαινομένου. Τα λόγια και οι επικλήσεις του ιερέα δο-

νούν τα σώματά τους. Το ανώτερο ΕΓΩ τους σαν άγραφο χαρτί είναι έτοιμο να δεχτεί απλές αλήθειες που εκτίθενται από τις ιερές γραφές. Όταν ο λευκός Μάγος επικαλείται την Ανώτερη Δύναμη και πλημμυρίζει απ' αυτήν, η Χριστική Ενέργεια αποστέλλεται στον άρτο και στον οίνο. Αυτά τα στοιχεία διαποτίζονται απ' αυτή την ενέργεια, αλλάζει ακόμη και η γεύση τους και ο τελετουργικός Μάγος μπορεί να δει και την φλόγα που ελευθερώνεται, γιατί μετατρέπονται μέσω της Χρηστικής Ενέργειας σ' ένα Χριστικό στοιχείο - αυτό που ονομάζουμε σώμα και αίμα του Ιησού Χριστού. Όταν οι πιστοί γεύονται αυτό το Χριστικό στοιχείο, το ανώτερο εγώ τους εμποτίζεται απ' αυτές τις θείες ενέργειες και αρχίζει να αισθάνεται τις αλήθειες οι όποιες παραμένουν ανεξίτηλα γραμμένες, που τις υπαγορεύει το ίδιο το ΕΓΩ στρεφόμενο προς τον εσωτερικό κόσμο και την ένωση με το άπειρο. Ευτυχής ο κληρικός που θα αισθανθεί αυτές τις αλήθειες και ευτυχείς και οι πιστοί που θα πάρουν από το χέρι του τέτοια πνευματική τροφή για το σώμα και την ψυχή τους.

301.
Η μαγεία της επίκλησης μέσω του λόγου ή φωνητική μαγεία ήταν γνωστή στους Αρχαίους οι οποίοι γνώριζαν επίσης ότι ορισμένοι ήχοι προκαλούν φυσικά φαινόμενα. Παρακολουθήσαμε κατά την διάρκεια της μαθητείας ένα απ' αυτά, στην Βραζιλία όπου προκλήθηκε βροχόπτωση μετά από μακρά περίοδο ξηρασίας. Ο Διδάσκαλος λευκός- Μάγος και οι μαθητές πιασμένοι χέρι - χέρι σχηματίζοντας έτσι μιαν αλυσίδα, πρόφεραν δυνατά μια συλλαβή για ορισμένο χρόνο με αποτέλεσμα, ο ουρανός, που δύο ώρες πριν ήταν καθαρός, να σκεπαστεί από βαριά σύννεφα και εν συνέχεια να πέσει καταρρακτώδης

βροχή, η οποία κράτησε όλη νύχτα. Άλλη νότα - κλειδί, μια άλλη φορά σταμάτησε την βροχή. Αντιλαμβανόμαστε ότι αυτές οι νότες - ήχοι της Φύσης όταν τις αισθανθούμε και τις προφέρουμε σωστά παρέχουν Γνώση, Αρετή και Ισχύ.

302.
Αυτοί οι ήχοι - κλειδιά μπορούν επίσης να αφυπνίσουν την ανάμνηση του μακρινού παρελθόντος και των προηγούμενων ζωών. Ωστόσο τέτοιες αποκαλύψεις δεν έχουν τίποτα το ευχάριστο, γιατί όταν συμβεί αυτό, ο Νους ξαναδοκιμάζει όλους τους πόνους και τις δυστυχίες της κάθε ζωής, ακολουθώντας τα λάθη που έγιναν και ξαναζεί όλα όσα συνέβησαν. Υπάρχουν ήχοι - κλειδιά για όλα τα στοιχεία της Φύσης που τα ονομάζουμε Θεότητες ή αρχές - στοιχεία, πολύ υπάκουα στον αγνό άνθρωπο που επιζητεί θερμά την υπέρβαση. Μέσω μιας μικρής επίκλησης και άρθρωσης του madram - ονόματος του στοιχείου, αυτό έρχεται αυθόρμητα να προσφέρει τις υπηρεσίες του στον άνθρωπο όπως θα εξηγηθεί σε εσωτερικά μαθήματα.

303.
Πολλοί μιλούν σήμερα για μετενσάρκωση και πιο πολλά έχουν γραφτεί μέχρι σήμερα γι' αυτό το θέμα, όμως ό,τι έχει γραφτεί και τυπωθεί είναι γενικές μελέτες, στοιχειώδεις και αρκετά επιπόλαιες και υποθετικές. Κανένας αληθινός Διδάσκαλος δεν θέλησε να επεκταθεί πάνω στο θέμα "Μετενσάρκωση" είτε γιατί οι σημερινές διάνοιές μας δεν μπόρεσαν να το κατανοήσουν είτε γιατί δεν κατάφεραν να το αισθανθούν. Άλλοι πιστεύουν ότι ο χρόνος που μεσολαβεί ανάμεσα σε δύο μετενσαρκώσεις είναι 700 χρόνια, άλλοι πάλι ισχυρίζονται ότι είναι

1400 χρόνια, ενώ υπάρχουν και πολλές ομάδες που πιστεύουν ότι αυτό το χρονικό διάστημα είναι πολύ μικρότερο. Η ουσία είναι πάντως ότι επί του θέματος αυτού κανένας δεν είπε ακόμη τον τελευταίο λόγο. Όμως για τον Νόμο του Κάρμα (ή της Ανταπόδοσης) υπάρχουν πολλές πλάνες. Μερικοί το φαντάζονται σαν έναν Νόμο που τιμωρεί ή ανταμοιβή ανάλογα με την περίπτωση σαν να ήταν ένας άνθρωπος ή όπως κάνει ο τιμωρός Θεός του Ισραήλ της Βίβλου. Η αλήθεια όμως είναι ότι ο Νόμος του αιτίου και του αιτιατού πρέπει να γίνει κατανοητός ως Νόμος της εξέλιξης.

304. ΑΣΚΗΣΗ:
Ξαπλωμένοι στο σκοτάδι, πιέζουμε ελαφρά τρίβοντας ελαφρά (μασάζ) τον βολβό του ματιού. Αυτή η πράξη ερεθίζει το οπτικό νεύρο. Προκαλεί την αντίδραση του αδένα της επίφυσης και την αντανάκλαση ενός ηλιακού φωτός, αρκετά αντιληπτού όταν έχουμε τα μάτια κλειστά. Αυτό το μαγικό φως ακτινοβολεί ενέργεια που εκπέμπεται από τον 'λευκό Μάγο. Είναι συγχρόνως η δύναμη του και η Ευφυΐα του. Αυτό το φως δεν γίνεται αντιληπτό με τα φυσικά μάτια, μόνο με τα εσωτερικά.

305.
Κάθε έργο που εκτελεί ο άνθρωπος εμποτίζεται από τη νοητική ατμόσφαιρα και τις γνώσεις του. Αυτές μπορούν να ανακτηθούν σε μελλοντικές ζωές, πχ. είχαμε έναν συμμαθητή ο οποίος αναφερόταν σε έργα που είχε γράψει στην προηγούμενη ζωή του, άλλος μας έδειξε ένα συγκεκριμένο μέρος και μας είπε: "Εδώ ήταν θαμμένος ο Βασιλέας της Θράκης." Τότε δεν τον πιστέψαμε αλλά μετά από 20 χρόνια αυτός ο τάφος ανακαλύφθηκε από μια Γαλλική Αρχαιολογική αποστολή. Ο Εσωτερι-

κός Διδάσκαλος, ο εξυψωμένος από την δημιουργική ενέργεια είναι αυτός μόνο που μπορεί να μας οδηγήσει και να μας διδάξει σωστά την αρχαία επιστήμη που είχε διδαχθεί τα πανάρχαια χρόνια. Μελλοντικά θα πρέπει ο καθένας μας να αποσφραγίσει τις γνώσεις του, να κατανοήσει και να κατακτήσει αυτό που δικαιωματικά είναι δικό μας.

306.
Ο πραγματικός Διδάσκαλος δεν μπορεί να διδάξει τίποτα σε κανέναν. Η αποστολή του είναι να επιστρέψει στον μαθητή την εσωτερική του όραση, για να μπορέσει να δει, να ξαναδοκιμάσει και να ξαναζήσει τις αρχαίες του γνώσεις για να μπορέσει έτσι να μάθει, κάτι για το μέλλον του. Μια από τις αρχαίες γνώσεις είναι να θυμηθεί πώς να μεταφέρει κάποιο από τα ατομικά στοιχεία του Νου σ' ένα αντικείμενο ή σε μια εικόνα. Αυτό το αντικείμενο μετατρέπεται σε φυλαχτό ή σε εστία πίστης και τότε μπορεί να εκτυπώσει τη νοητική του δραστηριότητα στη διάνοια εκείνου που θα έρθει σ' επαφή. Στην σημερινή εποχή, αυτά τα φαινόμενα μπορούν ν' αποδειχτούν μέσω εξωτερίκευσης της ευαισθησίας, πχ. ένα άγιο λείψανο μετατρέπεται σε εμπνευστή σ' αυτόν που το επισκέπτεται με πίστη και πόνο, ακριβώς όπως μια μάνα πάει να ζητήσει μια χάρη στην εικόνα της Παναγίας.

307.
Το υγιές σώμα περιέχει ένα μεγάλο απόθεμα από στοιχειακά άτομα του Νου, τα οποία υπακούουν στην θέληση της Φύσης για να θεραπεύσουν έναν ασθενή ή για ν' ανακουφίσουν μια κατάσταση. Αυτά τα αποθέματα βρίσκονται στο εσωτερικό των μαγνητικών κέντρων του ανθρώπου και μπορούν να χρησιμοποιηθούν ως αντίσταση

στην ατομική καταπίεση αυτού του κόσμου. Η μεγάλη αφθονία αυτής της ενέργειας μπορεί να διανεμηθεί επαρκώς για την ανακούφιση των άλλων. Έτσι ο δότης μπορεί να ζήσει μέχρι τα βαθιά γεράματα απολαμβάνοντας μια καλή σωματική και πνευματική υγεία, ενώ αν έχει κακώς εξαντληθεί εγκαταλείπεται στο κακό, την ασθένεια και τον θάνατο. Η μελέτη και η απόκτηση αυτών των ενεργειών αποτελούν τα πρώτα μαθήματα για τον υποψήφιο Μύστη.

308.
Η φυσιολογική ζωή του ανθρώπου θα έπρεπε να φτάνει τα 144 χρόνια. Όμως εάν ζει σήμερα λιγότερα χρόνια, είναι γιατί ο ίδιος αυτοκτονεί σιγά και σταδιακά. Σε περασμένες εποχές οι ιερείς έπρεπε να είναι και θεραπευτές. Συνιστούσαν ασκήσεις και καθαριότητα των εξωτερικών και των εσωτερικών σωμάτων. Στο μέλλον η επιστήμη θα συνιστά την χρήση της στοιχειακής ενέργειας της Φύσης και όχι των παρασκευαζόμενων φαρμάκων. Θα μάθουμε επίσης ότι εάν ο άνθρωπος εξακολουθεί να ενεργεί εναντίον των Φυσικών Νόμων, τότε η Φύση θα μας εγκαταλείψει και δεν θα υπάρχει κανένα μέσο ή ελπίδα επαναφοράς της ισορροπίας, της ειρήνης και της χαράς της ζωής.

309
Έχουμε πει ότι το άτομο - Διδάσκαλος ανέρχεται μέσω της δημιουργικής ενέργειας στο νοητικό σώμα, προστατεύοντάς μας από λοιμώδεις ή φλεγμονώδες ασθένειες και διάφορα ατυχήματα. Εδώ θα πρέπει ίσως να τονιστεί σε όλους και ειδικά στους γιατρούς ότι όσο περισσότερη σεξουαλική ενέργεια αποταμιεύουμε, τόσο άτρωτοι και απαλλαγμένοι από ασθένειες θα είμαστε. Ε-

πί πλέον αυτή η αποταμιευμένη ενέργεια θα βρίσκεται στην διάθεση του εσωτερικού διδασκάλου ο οποίος την διαθέτει σε άλλους που την έχουν ανάγκη και οι οποίοι απορροφώντας την δυναμώνουν. Έτσι εξηγείται γιατί ορισμένοι ασθενείς είναι πιστοί σ' έναν γιατρό και επίσης γιατί ορισμένα άτομα δεν είναι ευχάριστα για παρέα. Πρόκειται για εγωιστικά άτομα που ακόμα και ασυνείδητα απομυζούν ενέργεια από τον πλησίον τους [βαμπιρισμός].

310.
Στον εσωτερικό κόσμο υπάρχει ένα πεδίο που ονομάζεται "πεδίο των αποκαλύψεων". Μερικά όντα με ευγενικές επιδιώξεις μπορούν να φτάσουν μέχρι αυτό το πεδίο και εκεί διδάσκονται πώς να ανακαλύπτουν φάρμακα για ανίατες ασθένειες και άλλες θεραπείες ή ανακαλύψεις χρήσιμες στους ανθρώπους μελλοντικά. Αυτοί που μπορούν και βγαίνουν συνειδητά από το σώμα τους και εισέρχονται σ'αυτό το πεδίο τους επιτρέπεται να ερευνήσουν μια ή περισσότερες περιοχές ανάλογα με την αξία τους. Ωστόσο τους αποκαλύπτεται μόνο αυτό που αξίζει να δεχτεί ο κόσμος και αν κάποιος απ'αυτούς προσπαθήσει να ανακαλύψει κάτι νωρίτερα από την κατάλληλη στιγμή θα εμποδιστεί. Η πενικιλίνη, το ραντάρ, η ατομική ενέργεια, τα διαστημικά ταξίδια και άλλες ανακαλύψεις που θα γίνουν μελλοντικά, όπως η θεραπεία του καρκίνου καιοι διαστρικές επικοινωνίες είχαν και θα έχουν ορισμένο χρόνο για να εμφανιστούν. Σ αυτό το Πεδίο βρίσκονται τα μοντέλα όλων των μηχανών των οχημάτων και άλλων ανακαλύψεων που ακόμα αγνοεί ο κόσμος του σύγχρονου πολιτισμού μας γιατί θα τα χειριζόταν για καταστροφικούς σκοπούς. Επίσης εκεί βρίσκονται όλες οι γραφές που θα φωτίσουν τον μελλοντι-

κό κόσμο με διδαχές σχετικές με το πώς θα καταστρέφουμε όλες της παθογόνες αιτίες και θα θεραπεύσουμε την πείνα. Πολλοί επιστήμονες εργάστηκαν και εργάζονται και σήμερα μέσα σ' αυτό το πεδίο, συνειδητά ή ασυνείδητα, και το όνομά τους συγκαταλέγεται μεταξύ των μαρτύρων της επιστήμης (βλ. ζεύγος Κιουρί, Φλέμινκ, Γαλιλαίος, και πολλοί άλλοι).

311.
Όλα αυτά τα μυστικά θα αποκαλυφθούν για να ικανοποιήσουν τις ανάγκες των σημερινών λαών και των μελλοντικών γενεών. Κάθε λαός διαθέτει τα βιβλία του, τους προφήτες του, τους σοφούς του και τα ιδανικά του. Οι διδάσκαλοι ψάχνουν να βρουν της ανεπάρκειες που υπάρχουν στα μαγνητικά ρευστά [ρεύματα] των Λαών προσπαθώντας να τις αποκαταστήσουν. Μέχρι σήμερα σε πολλά έθνη κυριαρχεί το ρεύμα της σελήνης. Ενώ ο Φαραώ Ακενατόν πιο γνωστός ως Αμένοφης ο Γ΄ στην Αίγυπτο, ο Ορφέας των Ελλήνων, ο Μίθρας των Περσών και ο Ιησούς στην Γαλιλαία δίδαξαν την λατρεία του Ηλίου διαπιστώνοντας την ανεπάρκεια θετικής φύσης στη σελήνη.

312.
Η δύναμη της Σελήνης εξακολουθεί να κατευθύνει μέχρι σήμερα πολλούς λαούς. Σ' αυτήν αποδίδεται η κυριαρχία μερικών ατόμων στις τραπεζικές εργασίες, στο εμπόριο, στις βιομηχανίες και στην εμπορική ναυτιλία. Οι άνθρωποι που αναπτύσσουν τα παθητικά (ή σεληνιακά) κέντρα στο σώμα τους και στον εσωτερικό τους κόσμο γίνονται φίλοι του τρομερού ο οποίος χαρίζει ηγετικές ικανότητες ή τους μετατρέπει σε ηγέτες λαών ή πολύ ικανά στελέχη εταιρειών ή τραπεζών. Έχουν επίσης το

χάρισμα να δημιουργούν προϋποθέσεις για την θεραπεία των νοητικών παθήσεων.

313.
Πολλοί άνθρωποι προβληματίζονται και αγνοούν τι σημαίνει ψυχή και μη βρίσκοντας μιαν ικανοποιητική απάντηση καταλήγουν ν' αμφιβάλουν για τη ύπαρξή της. Όταν ο άνθρωπος εξοικειωθεί με τα εσωτερικά ταξίδια, τότε θα μπορέσει να αντιληφθεί ότι η ψυχή είναι μια αστραφτερή ατομική ουσία, μεγέθους δυόμισι εκατοστών όμοια με πύρινη γλώσσα.

314.
Πρέπει ωστόσο να μάθουμε να διακρίνουμε την ψυχή από το πνεύμα και από το ΕΓΩ.

315.
Υπάρχουν ορισμένες περιοχές στον Κόσμο που λειτουργούν ως εστίες ή Σχολές Μαύρης Μαγείας. Τέτοια σημεία δημιουργούν πάντα πολιτικές ταραχές και πολέμους. Πιο απλά, όπου λειτουργούν Σχολές Μαύρης Μαγείας εκεί υπάρχουν συμπλοκές, συγκρούσεις και πόλεμοι. Ο Μάγος προσπαθεί να ανακαλύψει πρωτίστως τις προθέσεις τους και ν' αρχίσει να εργάζεται για την φύλαξη αρχείων και αντικειμένων που μπορούν να οδηγήσουν μέχρι και την σύγκρουση. Διαλέγει επίσης τα άτομα που χρειάζεται για να σπείρουν καταστροφικά άτομα για το μέλλον και τα μελλοντικά έθνη. Οι Αιγύπτιοι συμβόλιζαν αυτό το γεγονός με το βαλσάμωμα των νεκρών. Αυτοί γνώριζαν ότι η αρχή του Κακού προσπαθεί να δεσμεύσει τον ομαδικό Νου ενός Έθνους κι αυτό τους έκανε να βαλσαμώνουν τα σώματα των Διδασκάλων και των επιφανών νεκρών. Κατ' αυτό τον τρόπο προστά-

τευαν τα "άτομα - δομητές" για να μην καταληφθούν από τα καταστροφικά άτομα του ανθρώπου. Αυτό τους προστάτεψε μέχρι την στιγμή που άρχισε η ροή ενέργειας της νέας εποχής. Έτσι ένας Διδάσκαλος διατήρησε τα άτομά του στην Ελλάδα κι αυτά έδωσαν σ' αυτό το Έθνος , την σοφία και τον πολιτισμό που όλοι γνωρίζουμε.

316.
Θα πρέπει να θυμόμαστε πάντοτε ό,τι τα άτομα - δομητές συνθέτουν τα αρχεία των αιώνων και μπορούμε έτσι να αντιληφθούμε καλύτερα ότι μας αναφέρει αυτή η διδασκαλία. Πολλά απ' αυτά βρίσκονται και εργάζονται στην κόλαση του ανθρώπου μέσω των ηλιακών φωτεινών ατόμων αποκτώντας γνώση και καταστρέφοντας την επίδραση του Κακού. Τέτοια όντα βρίσκονται επίσης εκεί για να μελετήσουν τα εποικοδομητικά και τα καταστροφικά φαινόμενα που μπορούν να προκληθούν από τους Ήχους, από τα χρώματα, από τα μάντραμς, τις προσευχές και τις επικλήσεις, καθώς και όλα αυτά τα παθητικά που θέτουν σε κίνηση τα στοιχειακά που τους περιβάλλουν. Αυτή την κάθοδο την έπραγματοποίησε και ο Ιησούς. Στην Ελληνική μυθολογία συμβολίζεται με την κάθοδο της Περσεφόνης, της κόρης της Δήμητρας (ψυχής), όπως επίσης και με την κάθοδο του Ερμή για να την σώσει. Αυτό φαινομενικά συμβολίζει την επιστροφή της Άνοιξης στην Γη, αλλά εσωτερικά είναι η μετενσάρκωση μιας ψυχής σε μια νέα εποχή (αυγή).

317.
Όταν ο Μαθητής ζητά να εισέλθει στην Σχολή των Μάγων, ένας από τους φύλακες τον μετράει με τον πήχη, όπως γράφει χαρακτηριστικά η Αποκάλυψη. Είναι η σπονδυλική στήλη. Σύμφωνα με τους λευκούς Μάγους,

και εάν ο υποψήφιος συγκεντρώνει όλες τις προϋποθέσεις, γίνεται δεκτός στη Σχολή της Σφιγγός, που είναι παραστατικό σύμβολο του μεγάλου στοιχειακού όντος, το οποίο βρίσκεται σε κάποιο κέντρο του ανθρώπου. Επιφορτίζεται ο Διδάσκαλος αυτού του Κέντρου να διδάξει την στοιχειακή Μαγεία. Ο Εσωτερικός Τεκτονισμός λειτουργεί μέσα σ' αυτή την Σχολή της Στοιχειακής Φύσης, εάν και οι περισσότεροι σημερινοί Τέκτονες δεν καταλαβαίνουν αυτό το Νόμο, γιατί δεν αισθάνονται την ύπαρξη του φύλακα - Διδασκάλου. Όλα τα μυστήρια του Τεκτονισμού και των άλλων μυητικών ή θρησκευτικών Κέντρων, όπως είναι οι Εσσαίοι, οι Ροδόσταυροι, οι Πυθαγόρειοι, οι Ορφικοί, και πολλοί άλλοι, βρίσκονται μέσα στον άνθρωπο και μακροκοσμικά στο Σύμπαν. Ο Ναός του Σολομώντα, η μεγάλη Πυραμίδα του Χεόπα στην Αίγυπτο, και οι αρχαίοι Ναοί συμβολίζουν τόσο τον άνθρωπο και τον εσωτερικό του κόσμο, όσο και το αχανές Σύμπαν.

318.
Μετά την άνοδο του ατόμου - Διδασκάλου στο νοητικό κόσμο, είναι πολύ εύκολο να γίνει κανείς δεκτός στην εσωτερική Σχολή των λευκών Μάγων. Η άσκηση της αγνής επιδίωξης, η πρακτική των εισπνοών και των εκπνοών, η αυτοσυγκέντρωση, δημιουργούν τον Ναό ή την προσωπική αύρα του ατόμου - Διδασκάλου, ο οποίος κατέχει συγχρόνως και τα δύο ρεύματα - το Ηλιακό και το Σεληνιακό, δηλαδή τους δύο πόλους που σχηματίζουν το Ιερό Πυρ, και το Φως. Μετά την μεταμόρφωσή του, ο Ιησούς άρχισε να κηρύσσει τις εσωτερικές του διδασκαλίες, οι οποίες μέχρι σήμερα είναι μυστικές και προσεκτικά φυλαγμένες και άθικτες κάπου στην Ανατολή και μερικές στό Βατικανό περιμένοντας τον κατάλληλο χρό-

νο για ν' αποκαλυφθούν. Τα αποσπάσματα των διδασκαλιών του που βρίσκονται στα βιβλία των χριστιανών είναι στην πραγματικότητα αλλοιωμένα, σχεδόν κατεστραμμένα, λόγω του φανατισμού εκείνων που τα θεωρούσαν ιερά.

319.
Έχουμε επίσης μέσα μας σε άτομα - αρχεία αναλλοίωτες και ολοκληρωμένες τις διδασκαλίες του Θείου Διδασκάλου Ιησού. Στον Μαθητή που είναι διατεθειμένος να αφοσιωθεί με αγνή πρόθεση και θέληση για να εισχωρήσει στο κεντρικό νευρικό τους σύστημα, θα αποκαλυφθούν οι Διδασκαλίες όλων των μεγάλων Διδασκάλων διότι έρχεται σ' επαφή μ' αυτούς. Κάτω από την ακτίνα του Διδασκάλου, ο Μαθητής θα μπορέσει να εισχωρήσει και να εξηγήσει τις μυστικές έννοιες της Διδασκαλίας για το μέλλον και θα πρέπει να σπείρει μέσα στην Γη τα άτομα του Διδασκάλου, τα οποία θα δώσουν στις μελλοντικές γενεές νέα ώθηση του Φυσικού Νόμου.

320.
Όταν ο Μαθητής λευκός Μάγος [Σοφός] ατομικοποιείται ολοκληρωτικά χάνοντάς την επαφή με τους άλλους γιατί έχει πλέον αποξενωθεί απ' αυτούς. Γι' αυτόν παλιώνουν όλες οι αρχαίες σκέψεις και τα ιδανικά. Δεν μπορεί να τραφεί με άλλον τρόπο παρά μόνο με την τροφή της Νέας Εποχής. Έτσι γίνεται παιδί μέσα σ' αυτό τον νέο Κόσμο, αλλά γέρος μέσα στον αρχαίο. Για τον λευκό Μάγο δεν θα υπάρχουν εθνολογικές και ηθικές διακρίσεις σύμφωνα με τα διάφορα έθνη, αλλά μονάχα η δική του εσωτερική Ηθική. Ο λευκός Μάγος σέβεται με κατανόηση όλες τις θρησκείες αλλά ομολογεί την δική του θρησκεία. Ποτέ δεν αναρωτιέται τι πρέπει να κά-

νει αύριο, αλλά αυτό που κατέχει τώρα στα χέρια του. Κανείς δεν τον διατάζει διότι αυτός κάνει ό,τι θέλει, εκτός κι' αν η εσωτερική του φωνή του υπαγορεύει να κάνει αυτό που πρέπει, με σκοπό να σώσει ζωές ή να ελευθερώσει άτομα από την πλάνη που είναι η φυσική και η νοητική τυραννία.

321.
Ο λευκός Μάγος πρέπει να ψάχνει και να βρίσκει το καλό μέσα στο κακό. Την καλή πλευρά των τυράννων, των δικτατόρων, των επιχειρηματιών, επικαλούμενος αυτή την πλευρά μέσω ενός μάντραμ ή μιας φράσης που δίνει δύναμη. Η εποικοδομητική σκέψη που σπέρνεται στον νου ενός ανθρώπου φυτρώνει περίπου σε 6 μήνες. Αυτό είναι ένα σωστό μέσο και ένας σωστός τρόπος για να διορθωθεί ένας Κυβερνήτης και όχι οι επαναστάσεις και η αιματοχυσία.

322.
Όταν η πνευματικότητα κάποιου είναι πολύ εξυψωμένη αυτός μπορεί να ακτινοβολεί την ατμόσφαιρά του σε όλους εκείνους που έρχονται σ' επαφή μ' αυτήν εξαγνίζοντάς και καθαρίζοντας τους. Είναι ήδη γνωστό ότι οι εκπομπές του Διδασκάλου εξαγνίζουν, ενδυναμώνουν, φωτίζουν και παρηγορούν αυτούς που βρίσκονται μέσα στην ακτίνα δράσης του. Αυτοί όμως που δεν συντονίζονται με τον τονικό κραδασμό του δεν θα μπορέσουν να μείνουν για πολύ χρόνο μαζί του. Υπάρχει ένα Ανατολίτικο ρητό που λέει ότι "όταν παρουσιάζονται οι Άγγελοι, τα δαιμόνια φεύγουν". Παρατηρήθηκαν πολλοί Μαθητές που δεν μπορούσαν να αντέξουν για πολύ χρόνο ορισμένες μάταιες ή άχρηστες και γενικά χωρίς ενδιαφέρον συνεδριάσεις. Επειδή αισθάνονταν άσχημα σταμάτησαν να πηγαίνουν.

ΚΕΦΑΛΑΙΟ 11ο
ΤΑ ΣΤΟΙΧΕΙΑΚΑ

323.
Η Φύση, όπως και ο άνθρωπος αποτελείται από δύο μέρη: Το εξωτερικό και το εσωτερικό. Το σώμα και την πνευματική ψυχή. Η ορατή Φύση και το σώμα είναι το ορατό μέρος ή αντανάκλαση του εσωτερικού αόρατου μέρους. Μέσα στο σώμα είναι το ορατό μέρος ή αντανάκλαση του εσωτερικού αόρατου μέρους. Μέσα στο σώμα μας όπως και στην Φύση υπάρχουν ορισμένα στοιχειακά ή οντότητες που τα ονομάζουμε στοιχειακά ή πνεύματα. Είναι αυτά της Φωτιάς (Σαλαμάνδρες), του Αέρα (Συλφίδες), του Νερού (Νηρηΐδες) και της Γης (Γνώμοι). Αυτοί είναι οι θεοί που αναφέρονται στο πρώτο κεφάλαιο της Γένεσης, τα υπεύθυνα για την μορφοποίηση του Ουρανού και της Γης, όπως επίσης και για την δόμηση της κατώτερης φύσης. Αυτά κατέχουν πολλές διδαχές για τον αγνό μαθητή. Αναλαμβάνουν να αφυπνίσουν μέσα του την αντίληψη και την ευαισθησία.

324.
Στο γόνατο του ανθρώπου υπάρχει ένα αιθερικό κέντρο που δονείται και κάνει να τρέμουν τα πόδια αυτού που δέχεται μεγάλο φόβο ή τρόμο. Πρέπει λοιπόν να δυναμώσουμε αυτό το Κέντρο με στοιχειακή δύναμη για να

μπορέσει ο άνθρωπος να εισέλθει στο αντίθετο και λεπτότερο μέρος της Φύσης. Πρέπει επίσης να καθαριστούμε και να εξαγνιστούμε ώστε να μην είμαστε απωθητικοί στις στοιχειακές αρχές. Με την άσκηση και την αξία ενός ήρωα μας ανοίγονται οι πόρτες της Εσωτερικής Φύσης κι έτσι ερχόμαστε σ' επαφή με τα στοιχειακά. Σ' αυτή την ατμόσφαιρα δεν μπορεί να ζητηθεί τίποτε το κακό από την Φύση. Εκεί δεν υπάρχουν διαστάσεις. Θαυμάζεις τον αριθμό αλλά όχι το φαινόμενο. Κατανοείς την αιτία αλλά όχι το αποτέλεσμα. Εκεί μπορείς να περνάς από το ένα πεδίο σ' ένα άλλο λεπτότερο, κλπ.

325.
Όταν ο Μαθητής φτάσει στο σημείο να ταξιδεύει συνειδητά χωρίς το φυσικό του σώμα, 4ος εσσαικός βαθμός τότε, φτάνει στην συνείδηση της μητέρας Φύσης και γίνεται ικανός να κυβερνά τα στοιχειακά. Έτσι μπορεί να μάθει πολλές μυστικές γνώσεις και συνταγές από τα στοιχειακά και την στοιχειακή μαγεία η οποία του επιτρέπει να χειριστεί τη νοητική ουσία προκαλώντας φαινόμενα που ο αδαής κόσμος θα τα ονόμαζε "θαύματα". Η οφθαλμαπάτη είναι ένα απ' αυτά. Τέτοια στοιχειακά όντα είναι και οι άγγελοι όλων των θρησκειών. Αποστολή τους είναι να προωθούν τις αγαθές πράξεις και τις ενάρετες σκέψεις του ανθρώπου, ώστε να φτάνουν σε όλες τις διάνοιες και να γίνονται γνωστές σε όλους.

326.
Κάθε πραγματικός καλλιτέχνης είναι φίλος των στοιχειακών. Ωστόσο άγιοι και αμαρτωλοί έχουν πρόσβαση στο στοιχειακό κόσμο. Οι αδαείς εισέρχονται αναζητώντας μυστικές οδηγίες που θα τους επιτρέψουν να κυριαρχούν στα κατώτερα στοιχειακά. Από την σφαίρα

αυτή αντλούν οι προφήτες τις προφητείες τους. Τα άτομα που δρουν ανιδιοτελώς, εισέρχονται με σχετική ευκολία σ' αυτές τις περιοχές διότι η Φύση δεν ενδίδει εύκολα στα όντα που δρουν από συμφέρον και μόνον. Θα πρέπει λοιπόν να μιμούμαστε την μητέρα Φύση στον αλλτρουισμό της ώστε να γίνουμε ικανοί να δεχτούμε όλα της τα πλούτη. Κάθε Κυβερνήτης θα πρέπει να συμμαχεί με την Φύση ώστε να μπορεί να κυβερνάει σωστά και με συνέπεια. Πολλοί προσπαθούν πρώτα να πλουτίσουν και μετά να αφοσιωθούν στην μελέτη της αλήθειας, όμως αυτό είναι πλέον αδύνατον. Κάθε υπερβολή αφανίζει την αγνότητα και την απλότητα της ζωής συσσωρεύοντας πάθη και επιθυμίες που σκλαβώνουν το μυαλό του ανθρώπου, απομακρύνοντάς τον από την Σοφία που θα έπρεπε να έχει καιη οποία απορρέει από την ανώτερη ουσία της Φύσης.

327.
Τα στοιχειακά αποφεύγουν επίσης τους σκληρούς, τους άσπλαχνους και γενικά αυτούς που καταστρέφουν την ζωή. Οι εξολοθρευτές των ζώων δέχονται ορισμένες ατομικές κενώσεις που τους εμποδίζουν να αναπτύσσουν νοητική πρόοδο. Τα στοιχειακά γνωρίζουν τον άνθρωπο από το φως που αυτός εκπέμπει και όταν είναι άφθονο, τα ζώα τον υπακούουν με χαρά και τον βοηθούν. Είναι η περίπτωση των εκ γενετής λευκών μάγων. Όμως υπάρχουν και Μάγοι κατώτερης φύσης που δέχονται βοήθεια από τα κατώτερα κακοήθη και πρόσγεια στοιχειακά. Αυτά είναι υπεύθυνα για την δημιουργία ανώμαλων καταστάσεων και ορέξεων, στις διάνοιες των ανθρώπων, που συντονίζονται μ' αυτά για ιδιοτελείς χαμηλούς σκοπούς (βλ. Μαύρη Μαγεία).
Όλες οι φυλές δέχονται τις τέχνες και τις επιστήμες τους

από τον στοιχειακό κόσμο. Τα στοιχειακά μπορούν να παρουσιαστούν με όποια μορφή επιθυμούν. Μπορούν επίσης να δώσουν διδασκαλίες στα κατώτερα άτομα σε ανθρώπους που αξίζουν να προσεγγίσουν τον κόσμο τους.

328.
Με τη βοήθεια αυτών των όντων μπορούμε να γνωρίσουμε τις εσωτερικές λειτουργίες των φυσικών οργάνων μας όπως επίσης την λειτουργία του νου σε αντίθεση με την επιθυμία. Αυτά προστατεύουν τον άνθρωπο από κάθε κακό. Σε πολλές περιπτώσεις παρατηρήσαμε ανθρώπους οι οποίοι χωρίς ν' αγγίξουν ή να εξετάσουν ασθενείς μπόρεσαν να εντοπίσουν τις εσωτερικές ασθένειες από τις οποίες έπασχαν. Είδαμε επίσης άλλα άτομα, προικισμένα μ' αυτό το χάρισμα να κάνουν διάγνωση από μακριά, εξετάζοντας μόνο κάποιο προσωπικό αντικείμενο του ασθενούς. Μέσα στο φυσικό σώμα του ανθρώπου υπάρχουν ορισμένα τμήματα όπου τα στοιχειακά διδάσκουν στον Μαθητή τον τρόπο με τον οποίο "πλάθουν" τα αντικείμενα με τέτοιο τρόπο, ώστε αυτός χειριζόμενος την νοητική ουσία να τα κάνει να μετατρέπονται σε ωραιότατες μορφές σε όλα τα βασίλεια της Φύσης, από τον ορυκτό κόσμο μέχρι τον Υπερανθρώπινο.

ΓΝΩΜΟΙ
(Τα Στοιχειακά της Γης)

329.
Οι Γνώμοι είναι ευφυΐες του ορυκτού βασιλείου και έρχονται σ' επαφή με τους ανθρώπους που τους αρέσει η Μηχανική και η Αρχιτεκτονική, αφού αυτοί είναι οι καλύτεροι αρχιτέκτονες της Φύσης. Πολλές φορές δίνουν στην πέτρα που ζουν καλλιτεχνικές μορφές που ξαφνιάζουν την ανθρώπινη φαντασία. Είναι οι εμπνευστές των βιομηχανιών, των όπλων και των διαφόρων οργάνων καταστροφής. Παρ' όλα αυτά υπάρχουν Γνώμοι ανώτεροι στην ιεραρχία που υπακούουν στον Λευκό Μάγο στον οποίο μεταδίδουν την δική τους Σοφία. Αυτοί γνωρίζουν πολύ καλά όλα τα Ιερά Βιβλία των αιώνων γιατί τα έχουν ακούσει πολλές φορές. Έχουν επίσης δυνατή θρησκευτική πίστη. Οι Γνώμοι που είναι κατώτεροι στην ιεραρχία είναι υποκριτές και πολλές φορές επιδρούν στους άλλους. Έχουν καλή μνήμη και ζουν πολλούς αιώνες. Στον Μαθητή που θα τους προσεγγίσει μπορούν να διηγηθούν πολλές παλιές ιστορίες από προηγούμενες ζωές του και με λεπτομέρειες που αυτός έχει ξεχάσει.

330.
Ο ίδιος ο στοιχειακός Βασιλιάς που είναι μέσα στο σώμα κατευθύνει αυτές τις ευφυΐες, οι οποίες τον υπακούουν τυφλά. Δομούν μορφές σε ελάχιστο χρόνο και στην συνέχεια τις καταστρέφουν για να ξαναφτιάξουν νέες μορφές καλύτερες από τις προηγούμενες. Οι Γνώμοι κατέχουν την τελετουργική τελειότητα όλων των θρησκειών και όλων των Εσωτερικών Σχολών, ειδικώς δε τα εσωτερικά Τυπικά του Τεκτονισμού. Ο άνθρωπος έχει στα εσωτερικά του άτομα μια φύση, τα γνωμικά που τον

φέρνουν σ' επαφή με τα όντα που γνωρίζουν το παρελθόν του. Αυτά τα όντα είναι οι ορυκτοί δομητές του ανθρώπινου σώματος.

ΝΗΡΗΙΔΕΣ
(Τα Στοιχειακά του Νερού)

331.
Στον αιθερικό ατμό του εσωτερικού μας κόσμου ζουν τα στοιχειακά του Νερού που εντείνουν τις εργασίες τους κατά την γέμιση της Σελήνης. Ο στοιχειακός Βασιλιάς του Νερού κατέχει πανάρχαιη σοφία. Σκιαγραφεί την Φύση του ανθρώπου εφόσον αυτός ο ίδιος οδοιπόρησε μέσα από την στερεότητα της ύλης.
Τα στοιχειακά του νερού χρησιμοποιώντας τη νοητική ουσία σχηματίζουν όποια μορφή θέλουν. Είναι επιρρεπή στις θωπείες και από τον άνθρωπο αναζητούν αγάπη, ομορφιά και ειρήνη ανταποδίδοντάς τα. Πολλές φορές παρουσιάζονται με τη μορφή ωραιότατων γυναικών με μακριά λαμπερά μαλλιά. Η ίδια η ατμόσφαιρα του ανθρώπου τους είναι χρήσιμη γιατί απ' αυτήν αντλούν πυκνότητα. Γνωρίζουν επίσης τον έλεγχο όλων των χρωμάτων και των σχεδίων. Αυτά αφορούν τα στοιχειακά που έχουν κάποιον βαθμό στην ιεραρχία.

332.
Τα κατώτερα στοιχειακά αυτού του είδους μετατρέπονται σε όντα που παρομοιάζονται με vampires. Μπορούν να ενδυθούν ύλη και να γίνουν ορατά από τους διορατικούς. Συχνάζουν στους οίκους ανοχής και είναι επικίνδυνα και βρομερά. Είναι πρόξενοι ακολασίας και διαστροφών. Εμφανίζονται στον ύπνο των θυμάτων τους, τα οποία όμως ρέπουν προς την ασέλγεια και την

ανωμαλία. Αυτό το είδος των στοιχειακών έχει δημιουργηθεί από σκέψεις χαμηλού επιπέδου και γεμάτες πάθη, οι οποίες σε τελευταία ανάλυση μετατρέπονται σε προσωπικά δαιμόνια. Οι ανώτεροι στοιχειακοί βασιλείς είναι πολύ αυστηροί στις κρίσεις τους και τις τιμωρίες. Εμφανίζονται πάντα με το σύμβολό τους που είναι η Τρίαινα. Έχουν χρώμα πορφυρό και απαστράπτον φωτοστέφανο. Για να μπορέσει κανείς να μιλήσει μαζί τους χρειάζεται όχι μόνο να ξέρει να τα προσεγγίσει αλλά να γνωρίζει και την γλώσσα των συμβόλων. Αυτά τα ίδια μας καθόρισαν αυτά τα σύμβολα ώστε να μπορέσουμε να μάθουμε τις διδασκαλίες τους - στις εσωτερικές σχολές. Σ' αυτές τις Σχολές μπορούν να εισέλθουν μόνο οι μαθητές και οι μυημένοι που έχουν συγκεντρώσει εμπειρίες και αξίες και αναζητούν την υπέρβαση με την προσήλωση στο Μεγάλο Έργο.
Όλα τα στοιχειακά είναι θνητά. Όταν ταυτίζονται εσωτερικά με τον άνθρωπο, αυτός αποκτά την εξαίρετη τιμή να τους παρέχει ένα μέρος από την θεία ουσία του ΕΓΩ μετατρέποντάς τα σε αθάνατα όντα.

ΣΥΛΦΙΔΕΣ
(Τα Στοιχειακά του Αέρα)

333.
Οι Συλφίδες, τα στοιχειακά του αέρα, εργάζονται πολύ για την εξέλιξη του ανθρώπου. Στην ατμόσφαιρά τους συναντάμε - την κληρονομιά των Νοών μας. Στα ανώτερα πεδία τους συναντάμε ως όντα ευφυέστατα και πολύ αξιοπρεπή, που έχουν ως αποστολή να φυλάσσουν τα καλλιτεχνικά και λογοτεχνικά δημιουργήματα όλων των εποχών ώστε να μας επιστρέφονται όταν τα χρειαζόμα-

στε. Σύλφοι και Συλφίδες με μεγάλο βαθμό στην ιεραρχία είναι ανεαπτυγμένα και έχουν μεγάλη μνήμη. Αυτά φυλάσσουν την ιστορία των αιώνων όπως είναι οι διδασκαλίες όλων των Σοφών του Κόσμου, γραπτές και μη. Διδάσκουν στον μυημένο όχι μόνο ό,τι είπαν οι Διδάσκαλοι και οι Σοφοί αλλά και ό,τι δεν είπαν. Μια φορά ακούστηκε ένας Σύλφος να επαναλαμβάνει αυτό που είπε ο Ιησούς: "Έχω πολλά να σας αποκαλύψω αλλά δεν ήλθε ακόμα η ώρα." Πράγματι, η εσωτερική, η πραγματική εσωτεριστική διδασκαλία του Ιησού δεν έχει δοθεί ακόμη στους ανθρώπους, όμως στους Σύλφους και τις Συλφίδες που είναι άξιοι να την δεχτούν τους αποκαλύπτεται.

334.
Πολλά από τα στοιχειακά του αέρα λειτουργούν ως οδηγοί σ' αυτούς που πεθαίνουν ξαφνικά, ώστε να τους προστατεύσουν από τις παραισθήσεις που υπάρχουν στο Υπερπέραν. Η ακτινοβολία που εκπέμπει ένα Σύλφος υψώνει τη σκέψη και αναπτύσσει την εσωτερική όραση. Τροφοδοτεί τα τελετουργικά της Φύσης και διδάσκει τους ανθρώπους ώστε να μπορέσουν να διαβάσουν και να γνωρίσουν τα χαμένα βιβλία της Αρχαιότητας. Έχουν μεγάλο σεβασμό στα άτομα των Ηλιακών ακτινών, όπως τα στοιχειακά του Νερού σέβονται την Σελήνη. Οι Σύλφοι εμπνέουν τον άνθρωπο να ενεργεί σωστά χωρίς να το σκέπτεται όπως επίσης τον τρόπο για να αντιμετωπίσει αμέσως έναν κίνδυνο. Όταν έχει περάσει ο κίνδυνος τότε μπορεί να το σκεφτεί. Φυλάσσουν επίσης όλα αυτά που είπαν οι προφήτες και κατέχουν τα μυστικά όλων των Αδελφοτήτων και των Εσωτερικών Σχολών.

335.
Ο άνθρωπος αντικατοπτρίζει τον τύπο του Σύλφου ή της Συλφίδας που εναρμονίζεται μαζί του. Ο Σύλφος μπορεί

να διαβάζει την σκέψη και να κάνει το νου να ξαναθυμηθεί ότι έχει ξεχάσει, οι δε Συλφίδες είναι τόσο όμορφες ώστε ο άνθρωπος που θα τις δει έστω μία μόνο φορά δεν θα την λησμονήσει ποτέ γιατί το θαυμάσιο χαμόγελό τους τον σκλαβώνει για όλη την ζωή. Ο κατώτερος κόσμος αυτών των στοιχειακών ανήκει στη μαγγανεία, την Μαύρη Μαγεία και τη νεκρομαντεία. Οι κατώτεροι Σύλφοι καταλαμβάνουν τα διάμεσα και τα ευαίσθητα άτομα, προσποιούνται την ταυτότητα προσωπικοτήτων της ιστορίας μιμούμενοι τη φωνή και το γραφικό τους χαρακτήρα, τις έλξεις και τις ιδιοτροπίες τους. Μπορούν ακόμη να κάνουν το διάμεσο να μιλάει την γλώσσα τους (ακόμα κι αν αυτή η γλώσσα είναι άγνωστη στο διάμεσο). Προκαλούν νοητικές διαταραχές και επιθυμίες στα θύματα τους καταστρέφοντας την ρευστότητα του Αστρικού Σώματος.

336.
Κατά την Αρχαιότητα, οι άνθρωπο - διάμεσα σπούδαζαν τον τρόπο ώστε οι Θεοί να μπορούν να μιλούν μέσω αυτών, σήμερα όμως δεν διδάσκεται αυτός ο τρόπος με αποτέλεσμα αυτοί που είναι γεννημένοι διάμεσα να εξυπηρετούν και να επιτρέπουν την εκδήλωση οποιασδήποτε οντότητας. Το διάμεσο θα μπορούσε να ανταποκριθεί στις υψηλότερες δονήσεις ώστε να προφυλάξει τους αγνούς στην καρδιά από λανθασμένες και μαύρες ιδεολογίες.

337.
Η κατάσταση ύπνωσης έχει μεγάλη ομοιότητα με την διαμεσότητα. Όταν ο υπνωτιστής θεμελιώνει την επιστήμη του σε θεατρικές επιδείξεις ή στην είσοδο των μυστικών της ιδιαιτέρας ζωής των άλλων, οι νόμοι της Φύσης που παραβιάζονται κατ' αυτό τον τρόπο, τον τιμω-

ρούν και την εκτέλεση αυτού του έργου την αναλαμβάνουν οι Σύλφοι. Υπάρχουν συχνά διάμεσα με άγνοια της ικανότητάς τους αλλά ικανά να ενεργούν σωστά, όμως με την κακή διδασκαλία από άλλους αδαείς, τους φέρνουν σιγά - σιγά σε συντονισμό με χαμηλούς κραδασμούς δημιουργώντας μια κατώτερη διαμεσότητα και στο τέλος χάνουν αυτό το χάρισμα. Πολλές φορές τίθεται η ερώτηση: "Πώς θα μπορέσουμε να ξεχωρίσουμε την ποιότητα του διαμέσου;" Ο καλύτερος τρόπος είναι να προσέχουμε. Κάθε οντότητα που τρομάζει το διάμεσο ή το αναγκάζει να λέει ανοησίες ή να λέει πράγματα που έρχονται σε αντίθεση με τους Φυσικούς Νόμους είναι χαμηλής κλίμακας, έρπουσα και πρέπει να απομακρύνεται τόσο αυτή όσο και το διάμεσο που δέχεται τέτοιες προσεγγίσεις. Τα αγνά διάμεσα και οι αγνοί καθοδηγητές δεν μπορούν να έλξουν κατώτερες οντότητες. Εδώ μπορούμε να ανακοινώσουμε ότι σε κάθε χίλιες πνευματικές συνεδρίες μια ή δύο το πολύ συγκεντρώνουν τις προϋποθέσεις που απαιτούνται για να αντλήσουμε το αληθινό μήνυμα.

338.
Οι κατώτεροι Σύλφοι τις περισσότερες φορές παίρνουν τον ρόλο ενός αγαπημένου μας προσώπου (πατέρα - μητέρας - αδελφών) ή ενός Αγίου. Στην συνέχεια αρχίζουν να δίνουν συμβουλές, δανειζόμενοι την φωνή, τον τρόπο ή την γραφή του άσαρκου πλέον ατόμου. Πολλοί ενθουσιάζονται με το φαινόμενο γιατί νομίζουν ότι μόνο αυτοί γνώριζαν κάποιο μυστικό του μακαρίτη. Εδώ θα ξαναπούμε τα εξής: Οι Σύλφοι μπορούν και διαβάζουν τα χρονικά των αιώνων της Φύσης. Έτσι γνωρίζουν τη σχέση του αποθανόντος προσώπου με το άτομο που κάνει την ερώτηση. Αρκεί να σκεφτεί κάποιος ένα άτομο που

αποσαρκώθηκε για να δημιουργήσουν αμέσως τα στοιχειακά μια γέφυρα επικοινωνίας μεταξύ των δύο και να διαβάσουν το αρχείο των σκέψεών τους, γιατί αυτά τα όντα βρίσκονται και μέσα μας και γνωρίζουν τα μυστικά μας όπως κι' εκείνον που έρχεται σ' επαφή με μας.

339.
Οι Σύλφοι μπορούν να διαποτίσουν με την ατμόσφαιρά τους οποιαδήποτε εικόνα ή αντικείμενο που υπήρξε αντικείμενο λατρείας και σεβασμού από περασμένες διάνοιες που το είχαν μαγνητίσει ώστε να αντικατοπτρίζει και να μοιάζει με την πραγματικότητα.
[εγρηγορός]

ΣΑΛΑΜΑΝΔΡΕΣ
(Τα Στοιχειακά της Φωτιάς)

340.
Το Βασίλειο του Πυρός είναι θαυμαστό. Είναι ο κόσμος της Πνευματικής Φώτισης και της ευημερίας των Εθνών. Το Πυρ είναι το στοιχειακό που φέρνει αρμονία στον Κόσμο. Ασφαλώς μιλάμε για το ανώτερο Πυρ. Τα στοιχειακά του πυρός θέτουν τον μαθητή πρόσωπο με πρόσωπο με τον εαυτό του ή αλλιώς με τον Τρόμο του Κατωφλίου. Μόνον ο Σοφός Μάγος μπορεί να γνωρίζει τι υπάρχει πέρα από τις πύρινες αυτές σφαίρες. Τα όντα του Φωτός έχουν ανώτερη συνείδηση απ' αυτή των ανθρώπων. Αυτά είναι που μιλούν με το στόμα των Προφητών. Αυτά είναι που οδηγούν τα Έθνη προς το καλύτερο. Λατρεύτηκαν στην Αρχαιότητα και είναι αυτά που οι Μύστες ονομάζουν "Τα τέκνα της Φλόγας."

341.
Όταν επικαλούμαστε ένα στοιχειακό του Πυρός, μέσα στο σώμα μας δημιουργείται μια φλόγα που κατακαίει όλα τα κατώτερα άτομα και στοιχειακά. Η αφύπνιση αυτού του ιερού πυρός είναι ο αντικειμενικός σκοπός κάθε μυημένου. Όταν εισχωρήσει μέσα σ' αυτή την ατμόσφαιρα αισθάνεται πλησίον του Θεού και του Εσώτατου Κόσμου του. Η σωματική και πνευματική δύναμη είναι τα πρώτα κλειδιά γι' αυτό το Βασίλειο. Οι σφαίρες του Πυρός είναι χωρισμένες σε ηπείρους και κράτη. Έχουν βασιλείς και βασίλισσες που τα κυβερνούν και κάθε τμήμα έχει τον δικό του οδηγό και προστάτη, ακριβώς όπως είναι και στον κόσμο μας. Πολλές φορές στην επίκληση και την προσευχή του μαθητή, απαντούν με την εμφάνιση ενός απ' αυτά τα όντα.

342.
Τα κατώτερα στοιχειακά τρέχουν σε κάθε φλόγα ή φωτιά, πχ. όταν ανάβουμε ένα κερί ή το τζάκι, κλπ. οι άνθρωποι που κυριαρχούνται απ' αυτά τα στοιχειακά αρέσκονται να καταστρέφουν με τη φωτιά (είναι αυτοί που αποκαλούνται "πυρομανείς").
Τα ανώτερα στοιχειακά του Πυρός δεν παράγουν θερμότητα, όπως πιστεύεται γενικά γιατί βρίσκονται σε αντίθετο πεδίο απ' αυτό των κατώτερων στοιχειακών. Τέτοια όντα είναι πραγματικοί Διδάσκαλοι. Το Βασίλειο των στοιχειακών του Πυρός είναι το Βασίλειο των Αγγέλων, γιατί Άγγελοι του Φωτός και στοιχειακά του Πυρός είναι το ίδιο πράγμα.

343.
Το στοιχειακό Πυρ εξαγνίζει το νοητικό σώμα απελευθερώνοντάς το εξαγνίζει το νοητικό σώμα απελευθερώνοντάς το απ' όλα τα κατώτερα στοιχειακά. Ο Μαθητής

λοιπόν θα πρέπει να μάθει να εισπνέει και να έλκει άτομα και Ηλιακές δυνάμεις ώστε να μπορέσει να γίνει σ' αυτόν η πνευματική αναγέννηση. Τότε εγκαταλείπει όλες τις φυλετικές διακρίσεις, όλες τις εξωτερικές δογματικές θρησκείες και αφοσιώνεται στην δική του εσωτερική θρησκεία. Ο σκοπός του κάθε Μαθητή είναι η έλξη της Φλόγας αφού βέβαια έχει πρώτα ελευθερωθεί από όλες τις κατώτερες επιθυμίες. Ο κανόνας για να έλξει κάποιος τα Ηλιακά άτομα ή αγγέλους στο σώμα του είναι οι εξής: Εισπνοή από το δεξί ρουθούνι και αυστηρός έλεγχος του σεξ. Τα Ηλιακά άτομα θεραπεύουν τις ασθένειες, εξολοθρεύουν όλα τα καταστροφικά για τον άνθρωπο άτομα και γενικά του χαρίζουν ενέργεια και δύναμη καθώς και μια ανανεωτική ενέργεια στον οργανισμό του. Τα στοιχειακά του αέρα και του νερού είναι γήινα ρεύματα (τελουριακά), ενώ τα στοιχειακά του πυρός είναι ηλιακά. Τα πρώτα είναι θηλυκά και τροφοδοτούνται από κατώτερα σώματα, ενώ του πυρός είναι αρσενικά και θετικά. Τα στοιχειακά του πυρός δεν είναι επικίνδυνα ούτε προκαλούν ζημιές, εκτός εάν τα χειριστεί κάποιος άσχημα για προσωπικούς εγωιστικούς σκοπούς.

344.
Για ν' αναπτύξουμε αυτή την Ηλιακή ενέργεια θα πρέπει να εισπνέουμε άτομα της ίδιας φύσης, δηλαδή ηλιακά. Στην συνέχεια να αφυπνίσουμε τα στοιχειακά του πυρός που βρίσκονται στο σπερματικό σύστημα. Είναι λοιπόν αναγκαίο να εισπνέουμε αυτά τα στοιχειακά του εσωτερικού πυρός και να το κάνουμε να ανέλθει, διότι αυτό κατέχει τα κλειδιά της παγκόσμιας ουσίας που σ' αυτήν βρίσκονται γραμμένες οι περασμένες ζωές. Υπάρχουν μέσα στο σώμα ορισμένα άτομα τα οποία δεν υπακούουν και παραμένουν άτακτα. Αυτό σκιαγραφεί μιαν α-

ντίσταση γνωστή ως "πειρασμός" που συνοδεύεται από ισχυρές διεγέρσεις. Με υπομονή όμως, η ενέργεια σιγά - σιγά θα αρχίσει ν' ανεβαίνει σπειροειδώς από την βάση της σπονδυλικής στήλης και αφυπνίζοντάς μας προς τον Ήχο - Κλειδί της νότας κλείδας, ανέρχεται από το νωτιαίο μυελό και προσπαθεί να εξέλθει από την κορυφή της κεφαλής. Βρίσκεται δε κλεισμένη σε ένα είδος σάκου και όταν επικληθεί περνάει στα όργανα αναπαραγωγής. Εάν μείνει εκεί, ο άνθρωπος μετατρέπεται σ' ένα διαβολικό ον και μπορούμε να πούμε πειθήνιο όργανο του εσωτερικού εχθρού, για τα φρικτά έργα του. Όταν όμως επιδιώξουμε να εξυψώσουμε αυτή την ενέργεια, ώστε να ρυθμίζει τα νευρικά κέντρα μας και τον εσωτερικό Ήλιο μας, τότε θα δεχτούμε διδάγματα από την μεγάλη και σοφή ευφυΐα του Ηλιακού συστήματος. Αλλά για να φτάσει ως εκεί κανείς πρέπει να είναι ισχυρός και γενναίος.

345.
Όταν με την επιδίωξη, την σωστή εισπνοή και την συγκέντρωση μπορέσει κανείς να ενώσει τα δύο ρεύματα, το ηλιακό και το σεληνιακό στο ιερό μέρος, τότε ο όφις του πυρός αφυπνίζεται και αρχίζει να κινείται μέσα στον χώρο του. Ο Άγγελος - Φύλακας ή Άτομο ανακινεί με την σειρά του την σπερματική ενέργεια και το φίδι αρχίζει να αναζητεί την ειδική τροφή του που είναι ένα είδος στατικού ηλεκτρισμού και το οποίο βρίσκεται στο νευρικό σύστημα και είναι το αντίθετο ανώτερο μέρος της σπερματικής ενέργειας. Το φίδι εισχωρεί και το πέρασμά του οδηγεί στη σπερματική περιοχή όπου αλλάζει την ηλεκτρική του ισχύ και ανέρχεται από το άνοιγμα της σπονδυλικής στήλης, εξακολουθεί να ανέρχεται απελευθερώνοντας τα κέντρα που υπάρχουν σ' όλο το μήκος

του νευρικού μας συστήματος.

346.
Όμως χρειάζεται σ' αυτό το διάστημα να πάρουμε πολλές προφυλάξεις για να βεβαιωθούμε ότι η ανερχόμενη ενέργεια είναι ανώτερης φύσης, γιατί σε αντίθετη περίπτωση ο άνθρωπος θα εκθρέψει την ίδια του τη δυστυχία. Οι δύο πόλοι της ενέργειας θα πρέπει να είναι ενωμένοι στον άξονα της σπονδυλικής στήλης όπου θα παραχθεί ένα τρίτο ρεύμα που θα ρυθμίζει την αναπνοή από τα ρουθούνια. Αυτή η ενέργεια συνθέτει το νοητικό σώμα και την ρομφαία που αστράφτει στο ομφάλιο κέντρο. Η ρομφαία είναι αυτή που ανοίγει όλα τα μαγνητικά μας κέντρα και μας παρέχει την μεγάλη ευφυΐα και την ισχύ που αναζητούμε τόσο πολύ. Αυτό το χάρισμα του εσωτερικού μας ΕΓΩ μας απελευθερώνει από τον μυστικό εχθρό, χαρίζοντάς μας την υψηλότερη μύηση.

347.
Οι Αρχαίοι Αιγύπτιοι που ήταν διορατικοί παρατήρησαν ότι τα ηλιακά άτομα μοιάζουν με τον σκαραβαίο. Γι' αυτό τον λόγο το Ιερατείο τους είχε σαν σύμβολο αυτό το έντομο. Όμως το Ηλιακό άτομο είναι πιο στρογγυλό και αποτελείται από δύο αλληλοσυγκρουόμενες ενέργειες, δηλαδή μια θετική και μια αρνητική, οι οποίες είναι χωρισμένες. Από το κενό που υπάρχει ανάμεσά τους ξεφυτρώνουν δύο κεραίες που διασταυρώνονται και συντηρούν ένα μικροσκοπικό άτομο. Απ' αυτές τις κεραίες βγαίνουν δύο ρεύματα ενέργειας. Στο σύνολο αυτό δίδεται το όνομα του κηρυκείου του Ερμή. Το μικροσκοπικό άτομο του κέντρου περιέχει όλα τα στοιχειακά στοιχεία του πυρός και αντλεί την πύρινη φύση του από τους διάφορους πλανήτες. Επίσης το μικροσκοπικό αυτό άτομο

περιέχει την Σοφία του εσώτατου που το τοποθετεί πέρα από το καλό και το κακό. Αυτός είναι ο σκοπός και η εσωτερική επιδίωξη όλων μας.

348.
Στον όφι του πυρός βρίσκονται τα άτομα της διορατικότητας που υπερέχουν του καλού και κακού. Υπάρχει επίσης ένα νέο κλειδί που επικαλείται την χρήση τους, αφυπνίζοντας ταυτόχρονα τον κοιμισμένο όφι. Όμως οι επικλητικοί ήχοι είναι πολύ επικίνδυνοι διότι μπορούν να προκαλέσουν στους αδαείς και σε οποιονδήποτε θα τολμούσε κάτι τέτοιο χωρίς την καθοδήγηση ενός διδασκάλου ακόμη και τον θάνατο. Τα σεληνιακά ρεύματα διατηρούν το σώμα υγρό ενώ τα ηλιακά το διατηρούν ξηρό. Ο κοιμισμένος όφις τρέφεται από τις δύο αυτές ενέργειες, αυτές όμως πρέπει να ελέγχονται με τις ασκήσεις που δόθηκαν προηγουμένως. Τότε ο όφις αφυπνίζεται και αναζητά την τροφή του, πράγμα που τον υποχρεώνει να μετακινηθεί και να εισχωρήσει στο κέντρο γύρω από το οποίο βρίσκεται τυλιγμένο σπάζοντας την μεμβράνη για να περάσει στο ιερό πλέγμα. Αυτή η κίνηση προκαλεί πόνους, η αίσθηση των οποίων είναι ίδια μ' αυτούς που θα προκαλούσε μια πυρακτωμένη βέργα εάν διαπερνούσε την σπονδυλική στήλη. Η μοναδική θεραπεία είναι η ταχεία ανύψωση του όφι με την άσκηση, αποφεύγοντας ερεθισμούς και με προσευχή με ζωηρή φωνή ή αρθρώνοντας ένα madram που δίδεται από τον Διδάσκαλο.

349.
Αυτή η ηλιακή ενέργεια είναι του ΕΓΩ και με την γνώση, μας κάνει άτρωτους στον πόνο και στην λύπη. Αυτό το έργο μας υποχρεώνει να κάνουμε την επιθυμία του εσώτατου τόσο στην Γη όσο και στον Ουρανό σύμφωνα με τις

οδηγίες που δεχόμαστε εσωτερικά. Θα είμαστε λοιπόν ελεύθεροι από κάθε κακό και δεν θα υποκύπτουμε στον πειρασμό γιατί θα εργαζόμαστε συνειδητά και με γνώση, γνωρίζοντας τον χειρισμό χωρίς να κάνουμε υπερβολές ή παραβιάσεις γιατί θα έχουμε την ανάμνηση των προηγουμένων πτώσεων. Έτσι θα μπορούμε να αποφεύγουμε μελλοντικές πτώσεις. Θα είμαστε διαφορετικοί απ' όλους τους άλλους και θα θεραπεύουμε το κακό μόνο με το καλό. Μέσω της μεγάλης σοφίας που θα χειριζόμαστε την ανθρωπότητα, η οποία θα γίνεται όλο και πιο αδιάφορη όσον αφορά τα άτομα και τα πράγματα, εμείς θα αισθανθούμε όσο ποτέ τον ξένο πόνο και θα διαθέσουμε όλες μας τις δυνάμεις για να βοηθήσουμε τον πλησίον μας οπλισμένοι με καλύτερη κατανόηση, δεν θα παρασυρθούμε όμως από την συγκίνηση. Η ιατρική επιστήμη δεν συμβουλεύει τον γιατρό να θεραπεύσει την ίδια του την οικογένεια, εννοείται σε βαριές περιπτώσεις, γιατί η συγκίνηση θα μπορούσε να τον κάνει να σφάλει στην διάγνωση και την κατανόηση της ασθένειας. Είναι αλήθεια ότι για να είμαστε χρήσιμοι σ' αυτό τον κόσμο θα πρέπει να έχουμε την δύναμη να ξεφύγουμε εντελώς απ' αυτά τα συγκινησιακά πεδία. Στο στάδιο αυτό δεν θα μπορούμε να διδάσκουμε μεμονωμένα άτομα, γιατί αυτή η εργασία είναι πολύ αργή. Πρέπει λοιπόν στο στάδιο αυτό να εργαζόμαστε για τους πολλούς, για το πλήθος.

350.
Επίσης στο στάδιο αυτό πολλά μάτια θα στραφούν προς τον Μύστη. Θα τον ζητούν πολλά άτομα. Αυτός θα αισθάνεται υπεύθυνος γι' αυτά και με την συνεργασία του θα μπορούν να αφυπνίζουν τις ηλιακές τους δυνάμεις. Ο Μύστης πρίν από κάθε έργο θα πρέπει να προσεύχεται εσωτερικά. Η προσευχή με συγκέντρωση είναι κα-

τάλληλη για να μας φέρει σ' επαφή μερικές φορές με την λειτουργία κάποιου κέντρου που θα μας διδάξει κάτι. Η προσευχή με δυνατή φωνή, όποτε είναι δυνατόν, δονεί το νοητικό σώμα και εκπέμπει μιαν ακτίνα φωτός που διαπερνά τις κατώτερες και ανώτερες σφαίρες μέχρι να φτάσει στο εσώτατο. Πρέπει να προσευχόμαστε ζητώντας την αγνότητα επειδή είμαστε υπεύθυνοι για τις προσευχές μας. Δεν πρέπει μέσω της προσευχής να προσπαθούμε να φέρουμε τους αλλόθρησκους στην δική μας θρησκεία.

Εάν δεν είμαστε εμείς υγιείς δεν πρέπει να προσπαθήσουμε να θεραπεύσουμε έναν ασθενή, γιατί του στέλνουμε την δική μας ατμόσφαιρα, η οποία μπορεί να είναι γι' αυτόν χειρότερη από την ασθένειά του.

Για να μπορέσουμε να βοηθήσουμε ένα άτομο πρέπει να ενωθούμε με το εσώτατο του και να ζητήσουμε απ' αυτό να το βοηθήσει. Το εσώτατο στέλνει τους αγγέλους ανώτερα στοιχειακά, για να του παράσχουν βοήθεια. Ωστόσο η προσευχή μας πρέπει να γίνεται με πίστη και αυτοσυγκέντρωση ώστε να έχουμε το ποθούμενο αποτέλεσμα.

ΚΕΦΑΛΑΙΟ 12ο
Η ΔΗΜΙΟΥΡΓΙΚΗ ΕΝΕΡΓΕΙΑ

351.
Όταν το οφιοειδές πυρ, δηλαδή η Ηλιακή Φλόγα ανέβει από το νευρικό σύστημα, πλημμυρίζει τα κέντρα μας τα οποία από την εποχή του Ευαγγελιστή Ιωάννη τα ονόμασαν "Εκκλησίες", ζωογονώντας τα και αναπτύσσοντας την δύναμή τους. Κάθε κέντρο είναι ένα σκαλί παραπάνω στην κατάκτηση της Σοφίας, αφού περιέχει την αποθηκευμένη εμπειρία από την αρχή των εμφανίσεων της ζωής μας στο Φυσικό Κόσμο.
Ανερχόμενο το πυρ συναντά κάθε κέντρο, αντιπροσωπεύει μια σειρά αναγεννήσεων για την επίτευξη του στόχου μας. Κάθε κέντρο διαθέτει δύο Διδασκάλους - Φύλακες. Έναν θετικό κι έναν αρνητικό. Κάθε κέντρο έχει επτά πόρτες και κάθε πόρτα μας μεταφέρει σε κάποια από τις 49 ιδιότητες του ΕΓΩ (49 πόρτες του Βινάχ).

352.
Η Ηλιακή ενέργεια διαπερνά όλα τα άτομα και τα κύτταρα του σώματός μας. Είναι η κάθοδος του Αγίου Πνεύματος στους Μαθητές του Ιησού. Είναι ένα είδος έκστασης που καταλαμβάνει τον μαθητή. Όταν εκτελεί την κάθοδό του, το Άγιο Πνεύμα παρέχει το χάρισμα της πολυγλωσσίας. Δεδομένου ότι έχουμε ήδη ενσαρκωθεί σε διάφορα κράτη και γνωρίζουμε τις γλώσσες τους, τα

άτομ'α μας τη διατηρούν στην ανάμνησή τους και στη δημιουργική ενέργεια που είναι το σπερματικό σύστημα. Αυτό όταν φωτιστεί από την Ηλιακή ενέργεια εκδηλώνει ότι είναι γνωστό σε λανθάνουσα κατάσταση. Αυτή η δύναμη θα ξαναγυρίσει κάποτε σε όλους μας. Κάθε ον σπερματικά ικανό έχει την ευκολία να μάθει πολλές γλώσσες. Ο Μαθητής πρέπει να εξοικειωθεί με τα σπερματικά άτομα ώστε να μπορέσει να αποκτήσει αυτό το χάρισμα.

353.
Η μητέρα Φύση έχει μόνο μια γλώσσα κοινή, η οποία είναι γνωστή στους λευκούς Μάγους - Σοφούς. Οι ηχητικές δονήσεις είναι η σπουδαιότερη γλώσσα και αυτή μπορούν να την καταλάβουν τόσο οι άνθρωποι όσο και τα ζώα, καθώς επίσης και όλες οι ψυχές της Φύσης. Αργότερα θα μάθουμε να προκαλούμε βροχή μέσα σε δύο ώρες. Η επίκληση που γίνεται σταθερά και με εσωτερική δύναμη, εκπέμπει δονήσεις οι οποίες μορφοποιούν τη. δική τους νότα και το δικό τους χρώμα. Κάθε σκέψη που εκπέμπεται έλκει τα όμοια της μεταβαλλόμενη σε μια οντότητα που μας περιβάλλει. Με τον τρόπο αυτό, οι μεγάλοι Σοφοί και ευεργέτες - εξερευνητές λαμβάνουν απαντήσεις στις ερωτήσεις που υποβάλλουν. Ακριβώς όπως οι πνευματικοί οδηγοί δέχονται τις καθοδηγήσεις τους για να ευεργετούν τους λαούς. Κάθε ον που παρουσιάζει υψηλές και αγνές επιδιώξεις και έχει μεγάλη σταθερότητα και επιμονή στην επιθυμία του να υπηρετήσει αυτό τον ευγενή σκοπό, θα εισχωρήσει με μεγάλη ευκολία, οδηγούμενο από την αγάπη στην ατμόσφαιρα του ΕΓΩ κομίζοντας από εκεί ένα θείο δαυλό για να φωτίσει τις υπόλοιπες ανθρώπινες διάνοιες. Δυστυχώς όμως εξαιτίας των ατόμων του μυστικού εχθρού που είναι μέχρι

σήμερα κυρίαρχος, λίγες είναι αυτές οι διάνοιες που μπορούν να σκέπτονται από μόνες τους και να επιθυμούν ζωηρά το καλό των άλλων ώστε να μπορέσουν να διεκδικήσουν αυτή την φωτεινή δάδα.

354.
Στον Λευκό Εσωτερικό Κύκλο των Εσσαίων και άλλων Σχολών ο Μαθητής διδάσκεται να σταθεροποιεί τα μάτια του σε κάποιο σύμβολο ή αντικείμενο. Γενικά όπου ο άνθρωπος σταθεροποιεί το βλέμμα του, εκεί σταθεροποιεί και την σκέψη του. Τώρα δεν μπορούμε να γίνουμε σαφέστεροι, ίσως επειδή δεν ήρθε το πλήρωμα του χρόνου, αλλά μπορούμε να σας διαβεβαιώσουμε ότι το βλέμμα των ανθρώπων είναι σχεδόν πάντοτε προσηλωμένο στον κόσμο της ύλης. Αυτό εξηγεί το γιατί βρισκόμαστε πάντοτε σε σύγχυση. Όποιος μπορέσει να σκεφτεί εσωτερικά γλιτώνει από την παραφροσύνη του εξωτερικού κόσμου. Η προσήλωση της σκέψης στον εσωτερικό κόσμο αφυπνίζει και ελευθερώνει την Ηλιακή ενέργεια και τα άτομά της μας δίνουν όλες τις διδασκαλίες που χρειαζόμαστε και ζητάμε με την προσήλωση και την επιδίωξη ή την εσωτερική αποκάλυψη.

355.
Υπάρχει στο σπερματικό σύστημα ένας ατομικός φρουρός που υπακούει στον Μαθητή, είτε για το καλό είτε για το κακό. Αυτός παρέχει την ενέργεια που ανοίγει μια πόρτα στην σπονδυλική στήλη και προστατεύει συγχρόνως τον κοιμώμενο όφι ώστε να μην γίνει τυφλό όργανο του εσωτερικού εχθρού. Ο σπόρος περιέχει ταυτόχρονα τα ιερότερα και τα ποταπότερα άτομα. Τα κατώτερα άτομα παρουσιάζουν την χαμηλότερη όψη της Σοφίας. Αυτό που χρειάζεται είναι η γνώση πώς να αφυπνίσου-

με την υψηλότερη πλευρά της Ενέργειας. Όταν επιτευχθεί αυτό, τότε κυριαρχείται το κατώτερο και αποκαλύπτεται ότι εμείς ήμασταν οι άγγελοι που αναφέρονται στην Βίβλο, ότι ήρθαν στην Γη και νυμφεύθηκαν τις θυγατέρες των ανθρώπων.

356.
Κανείς δεν μπορεί να αναπτύξει την Ηλιακή ενέργεια χωρίς την καθοδήγηση ενός οδηγού και μιας σοβαρής πειθαρχίας. Μέσω της πρακτικής της σωστής αναπνοής, της επιδίωξης και της συγκέντρωσης μπορούμε να προκαλέσουμε τον Νόμο της Ανταπόδοσης και να αναλάβουμε την ευθύνη των πράξεών μας με τις αντίστοιχες συνέπειες. Στον κόσμο του Υπερπέραν δεν έχουμε μορφή, ούτε φύλο. Η κατάστασή μας είναι ίδια με την κατάσταση της σκέψης. Είμαστε μια αντίληψη, απλώς υπάρχουμε. Είναι μια κατάσταση μακαριότητας και έκστασης. Κανένα μάτι δεν είδε και κανένα αυτί δεν άκουσε αυτό που προετοιμάζεται για τους εκλεκτούς.

357.
Τα φωτεινά άτομα του σπόρου έχουν την ίδια ατμόσφαιρα του Εσώτατου. Αυτά πηγαίνουν στο αίμα, που είναι το όχημα του ΕΓΩ και λειτουργούν ως μεταφορείς της θείας βούλησης, της θέλησης του Θεού. Μέσω αυτών επιτυγχάνουμε την ένωση. Αυτή πραγματοποιείται, όπως έχουμε ξαναπεί, με την άνοδο της ενέργειας σε όλα τα κέντρα, με σκοπό το άνοιγμα των σφραγίδων της αποκαλύψεως και κατόπιν τούτου τίθενται σε λειτουργία οι λανθάνουσες δυνάμεις. Αυτή είναι η ενέργεια του εσώτατου που μας ενώνει με την συνείδηση της πραγματικότητας ή τον Χριστό στη Φύση. Οι Αρχαίοι που ήταν πιο σοφοί και πιο διορατικοί, αλλά και αγνότεροι από μας,

ίδρυσαν την λατρεία του Φαλλού την οποία αργότερα καταργήσαμε. Στην κατάσταση αυτή ο λευκός Μάγος διατάζει τους υπέρτατους της Φύσης και τους στοιχειακούς βασιλείς να υπακούουν στην σκέψη του.

358.
Πρέπει να διευκρινίσουμε ότι κάθε σκέψη που δεν παίρνει μορφή στο σπερματικό σύστημα είναι μια πρόχειρη παροδική σκέψη που διαλύεται γρήγορα. Αυτό μας αποδεικνύει ότι κάθε σκέψη είναι ζωντανή και τρέφεται με το συναίσθημα. Η αισθηματική σκέψη στέλνεται πρωτίστως στα εγκεφαλικά κύτταρα όπου κρυσταλλώνεται σε μια συγκεκριμένη μορφή και μετά στέλνεται στον αποδέκτη που συντονίζεται με τον τύπο της δικής του δόνησης. Απ' αυτό συμπεραίνουμε ότι ο Μαύρος Μάγος δεν μπορεί να επηρεάσει κανέναν εκτός από τα άτομα που βρίσκονται συντονισμένα στο δικό του επίπεδο.
Το Νοητικό Σώμα είναι ένα όργανο πομπός της σκέψης. Τα σπερματικά άτομα είναι αυτά που καταγράφουν τις δονήσεις της σκέψης, είτε είναι καλές, είτε είναι κακές, και εν συνεχεία τις μεταβιβάζουν στον εγκέφαλο όπου υπάρχουν δύο σταθμοί - ένας πομπός και ένας δέκτης.

359.
Κάθε σπερματικό σύστημα που παρεμποδίζεται ή πάσχει από κάποιο αφροδίσιο νόσημα καταστρέφει τους εγκεφαλικούς ιστούς, διότι αυτές οι ασθένειες και τα ελαττώματα εμφανίζονται συγχρόνως στον εγκέφαλο και στα γεννητικά όργανα. Για τον λόγο αυτό απαιτείται αγνότητα εκ μέρους του λευκού Μάγου, τόσο στο αίμα όσο στην δόνηση που εκπέμπει. Η επίκληση του αγνού πυρός καθαρίζει όλες τις ασθένειες, διότι επιτρέπει σ' αυτό το πυρ να εισχωρήσει σε όλα τα στοιχειακά της φύσης μας.

Τα εσωτερικά σώματά μας δεν χρειάζεται να ενσαρκωθούν γιατί αυτά έχουν ήδη συλλέξει από τις δοκιμασίες όλη τη Σοφία. Εμείς πρέπει νοητικά να μάθουμε αυτή την Σοφία και να τακτοποιηθούμε με τη συνείδησή μας. Η ιερή φλόγα του πυρός είναι η ένωση όλων των φλογών του εσωτερικού μας ΕΙΝΑΙ, αυτή που χαρίζει την γέννηση του εσωτερικού Διδασκάλου, δηλαδή του πνευματικού ΄Ηλιου.

360.
Μέσω τέτοιων πρακτικών αναπτύσσουμε και ζωογονούμε τους δύο εσωτερικούς Διδασκάλους μας: τον Νου στην καρδιά και το Άτομο - Διδάσκαλο στον εγκέφαλο. Αυτοί μας βοηθούν να καλέσουμε το Πυρ - Φως και να το κάνουμε να περάσει στο νευρικό μας σύστημα. Αυτό γίνεται με την ένωση των δύο ρευμάτων, της σεληνιακής και της ηλιακής ενέργειας, που όπως έχουμε ήδη πει διαπερνούν τα δύο νεύρα που βρίσκονται σε κάθε πλευρά της σπονδυλικής στήλης και τα οποία στην Αποκάλυψη του Ιωάννη ονομάζονται "Μάρτυρες", ενώ στις θρησκείες λέγονται "Άγγελοι". Ο ένας μεταφέρει την ηλιακή δύναμη και ο άλλος την σεληνιακή. Και οι δύο εκπορεύονται από την ίδια φύση, τον ηλεκτρισμό, ενώ η ένωση των δύο ρευμάτων παράγει φως και θέρμανση στο κέντρο της σπονδυλικής στήλης, δηλαδή στον νωτιαίο μυελό κι έτσι μπορούμε να επικοινωνούμε με όλα τα σώματά μας - υλικά, ψυχικά και πνευματικά. ΄Οταν αυτό το ρεύμα ενώνεται στην κορυφή της σπονδυλικής στήλης, μας παρέχει την ικανότητα να επικαλούμαστε την φλόγα. Κάτω απ' αυτές τις συνθήκες ο λευκός Μάγος μεταμορφώνεται ακριβώς όπως μεταμορφώνεται ο Ιησούς στα εσωτερικά μάτια των ευαίσθητων.

361.
Στον Δυτικό Κόσμο μέχρι σήμερα δεν μπόρεσαν να αντιληφθούν την ιδέα ότι κάθε δημιούργημα προέρχεται αποκλειστικά από την σπερματική περιοχή και τα γεννητικά όργανα. Το σπέρμα παρουσιάζει την ίδια την φύση του δημιουργού. Αυτά τα σπέρματα προέρχονται από τον ΄Ηλιο και μπορούν να δημιουργούν ή να καταστρέφουν. Η σεξουαλική αποχή αφυπνίζει τον όφι του πυρός που μέχρι τώρα ήταν κοιμισμένος. ΄Οταν αυτό το πυρ βγαίνει από την κεφαλή του ανθρώπου, αισθάνεται την απελευθέρωσή του γιατί το συναίσθημα φτάνει στο κεντρικό εσωτερικό σύμπαν. Να είναι καταραμένος αυτός που ρίχνει το σπέρμα του στο χώμα, όπως γράφει η Βίβλος. Στον Φυσικό Κόσμο γνωρίζουμε τα πράγματα από την μορφή και το χρώμα τους. Στους ανώτερους Κόσμους βλέπουμε την ψυχή των πραγμάτων ντυμένη με μορφή και χρώμα.

362.
Ο ατμός του σπέρματος περιέχει άτομα του Ηλιακού Φωτός, τα οποία εγκαταλείπουν το σώμα όταν αυτό πεθαίνει. Αυτά τα άτομα απορροφώνται και ενώνονται με τα εισπνεόμενα άτομα παρέχοντας έτσι "τροφή" στο διακεκριμένο άνθρωπο. Γι' αυτό ο λευκός Μάγος μπορεί να νηστέψει για μεγάλο χρονικό διάστημα. Τα προαναφερθέντα άτομα τρέφουν την διάνοιά του, παρέχοντάς του ενέργεια και συντήρηση, ενώ η σπερματική φθορά τον εξαντλεί. Μελλοντικά οι άνθρωποι μέσω αυτής της δύναμης θα μπορούν να επιζούν χωρίς να χρειάζονται να καταναλώνουν κανένα είδος τροφής για αρκετό χρόνο και θα ζουν μ' αυτή την μυστική ενέργεια καταναλώνοντας μια ασήμαντη σχετικά ποσότητα τροφής. Με την πρακτική αυξάνονται βαθμιαία οι ανακαλύψεις μας

στον εσωτερικό Κόσμο. Μέχρι σήμερα δεν γνωρίζουμε σχεδόν τίποτα όσον αφορά τις δυνάμεις μας και τον Αόρατο Κόσμο. Αγνοούμε επίσης τον τρόπο δράσης του, της λειτουργίας του και της εκδήλωσής του στον εγκέφαλο μας.

363.
Στο Σώμα - σύμπαν μας υπάρχουν πολλοί Κυβερνήτες, οι οποίοι υπακούουν στο Εσώτατο, διευθύνοντας αρμονικά το σύστημά μας, ακριβώς όπως αυτοί που διέπουν το Σύμπαν. Όλοι αυτοί εργάζονται για την επιστροφή μας στην ΕΔΕΜ, στον παράδεισο, στον Ουρανό, ο δρόμος του οποίου είναι το νευρικό σύστημα. Αυτοί οι Κυβερνήτες έχουν στη διάθεσή τους στρατεύματα και άτομα αγγέλους που προσπαθούν να μας ελευθερώνουν από τις αντικειμενικές αυταπάτες και φαντασιώσεις. Όλα αυτά τα άτομα είναι σαν φύλακες υπάκουοι στο Εσώτατο. Όμως η αντικειμενική διάνοιά μας βρίσκεται πολύ χαμηλότερα από την συνείδηση τους. Η συνεχής επιδίωξή μας είναι η μοναδική δύναμη που είναι ικανή να μας παρέχει ισχύ και υπομονή για να επιτύχουμε την υπακοή, που είναι η μοναδική ατραπός (μονοπάτι) που κατευθύνει τις γνώσεις στο σπέρμα μας μέσω του νευρικού μας συστήματος και ύστερα στο συμπαθητικό σύστημα. Τα ιερά άτομα κατοικούν στο σπέρμα και είναι αυτά που μας οδηγούν στο συμπαθητικό σύστημα - αποθηκευτή όλης της Θείας Σοφίας, εξηγώντας τα μυστήριά του.

364.
Πολλοί αναφέρονται στις μυήσεις, αλλά λίγοι τις γνωρίζουν πραγματικά. Η μοναδική και αληθινή μύηση είναι αυτή που εκτελείται μέσω των σπερματικών ατόμων και όλες οι τελετουργίες είναι απλός εξωτερικός συμβολι-

σμός με αντικειμενικό σκοπό να φέρει στον υποψήφιο εκείνη την πραγματικότητα. Πραγματική μύηση σημαίνει την δοκιμασία του υποψηφίου από την Ηλιακή ευφυΐα που κατοικεί στο σπέρμα. Ίσως μ' αυτή την εξήγηση να μπορεί ο υποψήφιος να καταλάβει την σοβαρότητα της απόλυτης αποχής κατά την διάρκεια της προετοιμασίας και της δοκιμασίας, ώστε να επιτύχει μιαν άλλη συνείδηση άγνωστη πριν σ' αυτόν μέσω της οποίας θα μπορέσει να εδραιώσει μια διαρκή επαφή.

365.
Απ' αυτό συμπεραίνουμε ότι η τελετουργική μύηση, που δεν γίνεται σύμφωνα με την αναγκαία προετοιμασία δεν θα πραγματοποιήσει την γέννηση της υπερσυνείδησης του νεόφυτου. Όταν αφυπνιστεί αυτή η Υπερσυνείδηση αισθανόμαστε δεκτοί και ισχυροί, γιατί αυτό σημαίνει την συνειδητή γέννηση του εσωτερικού Χριστού μας, ο οποίος ανέρχεται στον ουρανό, στην κεφαλή - ουρανό μας.

366.
Ένας μαθητής που έχει πραγματοποιήσει τέτοιες πρακτικές στην προηγούμενη ζωή του είναι πάντα δεκτός στον εσωτερικό κόσμο, ώστε να δεχτεί την πεμπτουσία της Σοφίας και να ονομαστεί Σοφός ακόμη κι όταν είναι άγνωστος στον κόσμο.

ΓΛΩΣΣΑΡΙΟ

ΑΣΤΡΙΚΟ ΠΕΔΙΟ
Πεδίο αμέσως υπεράνω του φυσικού. Είναι ο χώρος τον επιθυμιών.
Εδώ ζει όλη η κλίμακα των προορισμένων να ξαναγεννηθούν. Περιβάλλον όπου οι ψυχές οικοδομούν με την ποιότητα των έργων τους και των σκέψεών τους τον παράδεισο ή την κόλαση.

ΑΦΥΠΝΙΣΜΕΝΟΣ
Ωθούμενος από τον νόμο της ανάγκης και μετά από πολλές ενσαρκώσεις.

ΘΕΟΥΡΓΟΣ
Έχει επίγνωση όλου του φάσματος της κλίμακας του Θεού που λατρεύει με θείο ζήλο. Λευκός Μάγος.

ΜΑΘΗΤΗΣ
Σκαπανέας που χαλκεύει τον χαρακτήρα του ατενίζοντας την ατραπό.

ΜΥΣΤΗΣ
Γνώστης του ποσοστού θεότητας που φέρει μέσα του. Συνομιλεί με το επέκεινα. Εισέρχεται και εξέρχεται αυτοβούλως στο Αστρικό.

ΟΔΗΓΟΣ
Διδάσκαλος πνευματικός άσαρκος. Ζει στον Ουρανό και στην Γη. Οι Οδηγοί δρουν σε διάφορες ακτίνες και δέχονται υπό την αύρα τους ελάχιστους φωτισμένους.

ΣΩΤΗΡ
Αμιγής προβολή του λόγου και εκφραστής του Συμπαντικού Πνεύματος. Χριστός. Κεχρισμένος. Η εκδήλωσή του στα κατώτερα πεδία είναι αγάπη και έλεος.

ΦΩΤΙΣΜΕΝΟΣ
Γήινος Διδάσκαλος. Συνεργάτης υπό την αύρα των Διδασκάλων (είσοδος στην ατραπό).

ΕΓΩ
Η θεϊκή παρουσία μέσα μας.

ΒΙΒΛΙΟΓΡΑΦΙΑ

Βοηθήματα μου είναι από

- τα πνευματικά μηνύματα του Μεγάλου Διδασκάλου των Εσσαίων (Sebna - άσαρκου).

- το βιβλίο της γνώσης του Μάγου Jorge Adoum - "*Ο Άνθρωπος Χωρίς Καλύπτρα*".

- "*Τα Κλειδιά του εσωτερικού Βασιλείου*".

- το βιβλίο του Έλιφάς Λεβί - "*Δόγμα και Τυπικό Υψηλής Μαγείας*".

- το βιβλίο "*A Luz da Verdade*" του Abd-Ru-Shin (Το Φως της Αλήθειας).

- και εμπνεύσεις απ' ευθείας από τα αρχεία του *Μεγάλου Βιβλίου της Φύσης* που προέρχεται από την Συμπαντική πηγή.